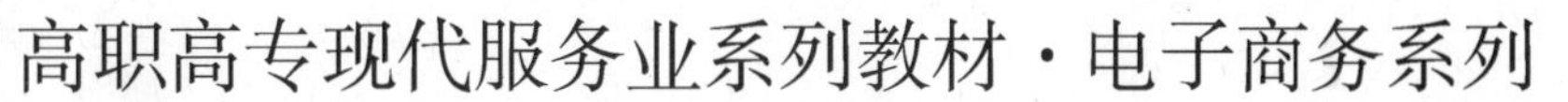

高职高专现代服务业系列教材·电子商务系列

# 网页设计与制作

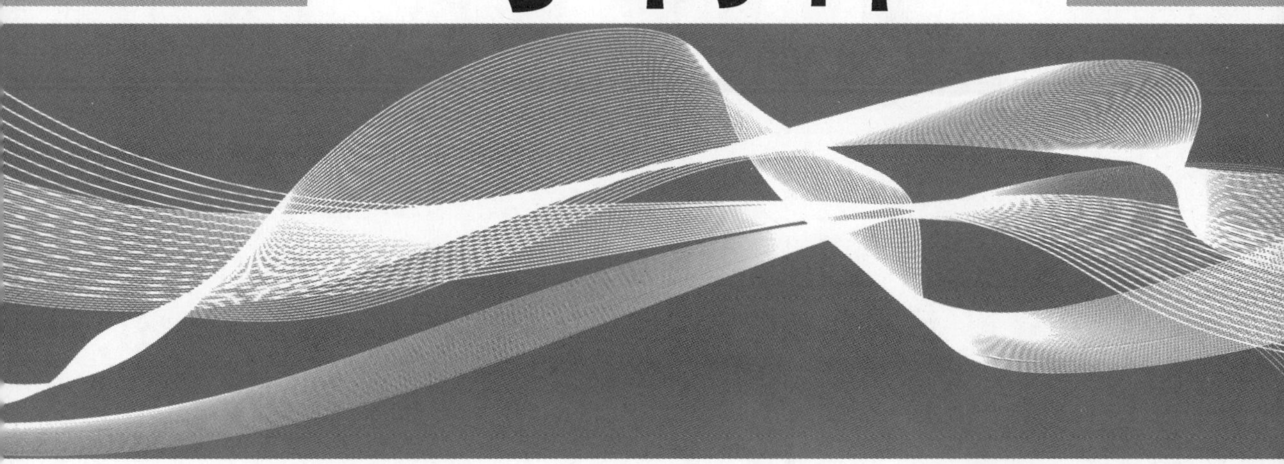

于春香　主　编

严宣辉
韩凤萍　副主编

# 前 言

《网页设计与制作》是“高职高专现代服务业系列教材”之一，也是国家高职高专电子商务示范性建设专业的一个核心课程。在编写该书时，为了更好地体现高职高专所倡导的“工学结合”的理念，我们于2008年至2009年深入福建省国际电子商务中心、福州神盾信息技术有限公司等多家公司进行调研，经过深入了解和沟通，熟悉企业人员进行网站开发的整个业务流程，力求使本书内容贴近实际应用需求。

本书以“福建国际电子商务中心”网站的建立为案例，以工作过程为导向设计教学情境，采用行动驱动教学的形式进行编写。真正以问题驱动的方法组织内容，寓适当的理论于问题解决之中，培养学生的实践操作能力。适合作为高职高专电子商务及相关专业的教材，也可作为电子商务本科学生和教师的学习参考；同时也适合对网页制作感兴趣的人员进行自学，以及作为社会培训班教材。

全书通过五个学习情境引入网页设计与制作技术的知识要点，在每个学习情境中详细列出了学习目标、工作任务、知识准备、行动、拓展、评价和小结。通过这五个学习情境的学习，读者不仅能掌握制作网站的基础知识，以及几个常用的网页制作软件（如Photoshop、Flash、Dreamweaver）的使用方法，而且还能独立完成静态网站构建的整个过程。

本书按照网站制作的工作过程，划分为以下五个学习情境：

学习情境1“网站的设计规划”：主要介绍网站的分类、网站建设的流程、色彩搭配的基本原理。通过本部分的学习，读者能初步掌握如何进行网站的总体设计和规划。

学习情境2“首页图片的设计”：主要介绍使用Photoshop软件进行图像处理的基本技巧，以及页面布局图片的制作和切割工具的使用方法。

学习情境3“首页动画设计”：介绍在首页设计过程中如何使用Flash软件制作页面的banner动画效果。

学习情境4“首页页面设计”：介绍Dreamweaver网页编辑软件的使用方法，使读者能利用Dreamweaver软件完成页面的整体框架设计，对准备好的素材利用此软件生成网页。

学习情境5“网站的测试与发布”：介绍网页空间的申请方法和网站发布的过程，通过这部分学习，读者能完成域名与网页空间的申请、网站的测试与发布。

本书由于春香任主编，韩凤萍和严宣辉任副主编，编写具体分工如下：学习情境1、2、3由于春香编写，学习情境4由韩凤萍编写，学习情境5由严宣辉编写。

本书在策划和编写的过程中，得到了福建省国际电子商务中心的工作人员的热心帮助，在此特别要感谢商务中心主任周峰、副主任丁强、美工任斌等为本书的编写所提供的帮助。

由于时间仓促，书中难免有疏漏和不妥之处，恳请广大读者不吝批评指正。如果读者在学习的过程中遇到各种疑难问题，可以发送电子邮件进行交流，电子邮箱是：ycx501@tom.com。

**编者**

**2010年6月**

# 目　录

# 学习情境 1

# 网站的设计规划

知识目标:

1. 了解网站的分类。
2. 了解网站建设的流程。
3. 了解网站风格设计的原理。
4. 了解网站布局及栏目。

能力目标:

1. 能明确网站类型及主题。
2. 能根据用户需求设计网站的总体结构图。
3. 能确定网站的总体色彩搭配及风格。
4. 完成网站建设的设计报告。

## 任　务

以两人或三人组成小组,首先,每组分别策划一个销售某商品的商业网站,小组讨论决定网站的定位,并根据所选商品的类型,来分析其销售对象特点;其次,给自己的网站起一个好名,设计网站的框架、结构及主色调;最后,提交一份分析报告,并进行演讲、讨论和评价。

## 知识准备

### 一、什么是网站定位

简单地说网站定位就是网站在 Internet 上扮演什么角色,要向目标群(浏览者)传达什么样的核心概念,透过网站发挥什么样的作用。因此,网站定位相当关键,换句话说,网站定位是网站建设的策略,而网站架构、内容、表现等都围绕这些网站定位展开,网站定位的好坏直接决定着网站的前景和规模。

### 二、一个好的网站定位所包含的内容

(一)确定网站目标

网站的目标就是网站设计者根据自身的实力制定的目标,这其实应该是网站远景规划,

网站向哪个方向发展，发展空间有多大，预计受众有哪些，受众量有多少，这些都直接决定定位的网站是否值得做下去。否则即使网站做得再漂亮，但无人欣赏也没有任何价值。

国内著名的网站——淘宝网(www.taobao.com)(如图 1-1)是国内首选购物网站，也是亚洲最大的购物网站，由全球最佳 B2B 平台——阿里巴巴公司投资 4.5 亿创办，致力于成就全球首选购物网站。淘宝网建立之初定位为传统网上购物平台，新平台致力于为品牌厂商开拓网上零售渠道，扩大品牌在网络消费者中影响力，打破了传统零售靠压榨生产企业来转移其自身成本的局面。它通过降低交易成本冲击市场，创造了生产者、消费者、淘宝的三赢局面。

图 1-1 淘宝网网页

(二)考虑用户群

在进行网站定位时，应该明确网站的使用对象，深入了解使用者的特点，在进行网站设计时要考虑到大部分使用对象的利益。例如前面所述的淘宝网，在具体策划时考虑的是为广大网民和企业提供一个网上零售的交易平台。因此淘宝网在设计的时候首先考虑的是广大网民的接受程度，页面设计得大众化，内容设置尽量照顾了大部分的人，商品也是应有尽有，避免了一部分用户在这个网站上找不到自己想要的东西。而另一个例子是超艺家具有限公司的网页(如图 1-2)，这是一个定位为家具行业的外贸营销的网站，它的用户群是国外的用户，所以其策划设计从外贸的专业性考虑，从营销角度去分析，把网站建设为集展示、协同、互动为一体的电子商务网站。

(三)一个好的网站名字

网站除了要有确切的定位，还要有一个贴切的名字。网站名称作为网站设计的一部分，是很关键的一个要素，一个好的网站的名字可以体现网站的定位，体现网站的特点。它最先展示给浏览者，大部分浏览者都靠它在第一时间内判断这个网站是否是自己需要的。要想使自己的网站能上档次，就要给自己的网站起一个富有内涵的名字，让人一看到这个名字就能够了解这个网站的实力以及文化背景。比如"阿里巴巴"这个名字，作为一

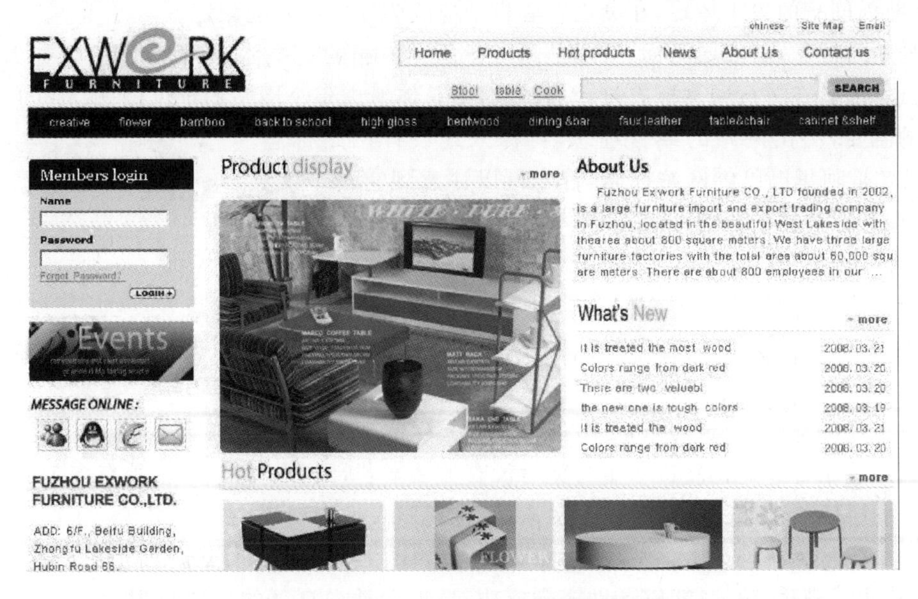


**图 1-2　超艺家具有限公司的网友的网页**

个商业网站的名字有着深厚的含义,首先,阿里巴巴在神话中是个快乐的青年,愿意帮助别人,而阿里巴巴网站的愿望是让天下没有难做的生意,更多的是关注社会责任,和神话中的阿里巴巴很像;其次,阿里巴巴一开始就定位于全球化,而阿里巴巴的发音在全球各地的发音都一样,非常好记。

和现实生活中的企业名称一样,网站名称是否正气、响亮、易记,对网站的形象和宣传推广也有很大影响。一般的建议是:

1. 名称要正气

正气其实就是要合法、合理、合情,不能用反动的、色情的、迷信的、危害社会安全的名词语句。

2. 名称要易记

根据中文网站浏览者的特点,除非特定需要,网站名称最好用中文,不要使用英文或者中英文混合型名称。例如:beyond studio 和超越工作室,后者更亲切好记。另外,网站名称的字数应该控制在六个字(最好四个字)以内,比如“××阁”、“××设计室”,四个字的可以用成语,如“一网打尽”。字数少还有个好处,一般友情链接的小 logo 尺寸是 88×31,而六个字的宽度是 78 左右,适合于其他站点的链接排版。

3. 名称要有特色

名称平实就可以接受,如果能体现一定的内涵,给浏览者更多的视觉冲击和空间想象力,则为上品。如音乐前卫、网页陶吧、天籁绝音,在体现出网站主题的同时,能点出特色之处。

(四)明确的网站标志

标志是一种大众传播的符号,它以各种精炼的形象表达一定的含义,传达明确的、特定的信息。而网站标志是网页中最重要的视觉设计要素,它综合所有视觉设计要素的核心，是网页创意的集中体现，在浏览者心目中应成为网站品牌的象征。

网站的标志，就如同商标一样，是站点特色和内涵的集中体现，看见标志就让人联想到站点。因此在进行网页标志设计的时候，要总体考虑整个网站的定位，兼顾各个层次和链接的需要，突出网站的经营理念，再深入地设计网站标志。如图 1-3 是阿里巴巴的网站标志，首先可以注意到它是一个笑脸，不像其他知名公司的 logo，只是一些图形或文字拼凑，非常特别，容易被人记住。其次它是一个小 a，它有较深的含义：

阿里巴巴
Alibaba.com.cn

图 1-3　阿里巴巴 logo

(1)它表示阿里巴巴不是什么了不起的大公司，它是跑得比较快一点，但直到今天它仍然还很小，很多事情需要踏踏实实地从小 a 做起，相信一定会有一天成为行业的大 A。

(2)它代表了阿里巴巴微笑文化：阿里人不一定要有统一制服但一定要有统一表情。这是对工作的理解，以苦为乐，更多的也是对人生的理解，人生不如意十之八九，要有充满乐趣的探险精神。这样度过一生会觉得没有那么辛苦，回首的时候不记得有多苦，更多的是快乐的桥段。微笑文化蕴含了很多东西，包括对人生的理解。

(3)它表示要让三种人微笑和满意，第一，要让客户赚到钱，让客户的企业有更大的发展，客户才会满意；第二，能够帮助客户成功，员工会觉得自己的付出得到肯定，是有价值的，也会满意和有成就感；第三，能让客户赚钱、让员工有归属感的公司，业绩一定不会差，最终股东的投资也有高额回报，股东也会很满意。

标志可以是中文、英文字母、符号、图案，也可以是动物或者人物等等。一个好的网站标志应具有以下标准：

1. 要有明确的象征意义

网页标志要有确切的象征意义。在设计的时候要把握自身的特点或者所要突出的特色，考虑通过什么形象来恰如其分地表现；还应该考虑设计出来的形象和被表现物的内容之间必须有某种联系，这样才能引起联想，一目了然。确切的比喻、暗示和变形，能赋予网站标志以光彩。

2. 要有明显的识别力和独创力

是否创新是标志优劣的关键，一般化和雷同的标志易使人记忆模糊混杂，从而失去标志的作用。

3. 简洁生动，具有整体的美感

在网络环境中，过多的干扰因素，使人不能够将视觉集中到一个地方，所以如果标志能够做得美观大方，同时含义丰富，就能够得到人们的认可。

4. 能够有多方面的适应性

网站不光是在网络上开展自己的动作，还要能够以各种方式开展自己的业务，所以标志不光要能够应用在网站的页面上，还要有应用在各种环境的适应性。

(五)确定网站的栏目

建立一个网站好比写一篇文章，要先拟好提纲，文章才能主题明确，层次清晰。如果网站结构不清晰，目录庞杂，内容东一块西一块，不但浏览者看得糊涂，网站的扩充和维护也相当困难。网站的题材确定并且收集和组织了许多相关的资料内容后，如何组织内容才能吸引网友们来浏览网站呢？栏目的实质是一个网站的大纲索引，索引应该将网站的主体明确地显示出来。

(六)确定网站的目录结构

网站的目录是指建立网站时创建的目录。例如:在用 Frontpage 98 建立网站时都默认建立了根目录和 images(存放图片)子目录。目录结构的好坏,对浏览者来说并没有什么太大的感觉,但是对于站点本身的上传维护、内容的扩充和移植有着重要的影响。

(七)确定网站的链接结构

网站的链接结构是指页面之间相互链接的拓扑结构。它建立在目录结构的基础之上,但可以跨越目录。建立网站的链接结构有两种基本方式:

1. 树状链接结构

树状链接结构类似 DOS 的目录结构,首页链接指向一级页面,一级页面链接指向二级页面。浏览这样的链接结构时,是一级级进入、一级级退出的。其优点是条理清晰,访问者明确知道自己在什么位置,不会“迷路”;缺点是浏览效率低,一个栏目下的子页面到另一个栏目下的子页面,必须绕经首页。

2. 星状链接结构

星状链接结构类似网络服务器的链接,每个页面相互之间都建立有链接。这种链接结构的优点是浏览方便,随时可以到达自己喜欢的页面;缺点是链接太多,容易使浏览者迷路,搞不清自己在什么位置、看了多少内容。

## 三、网页的布局

设计网页不仅仅是把相关的内容放到网页中就行了,它还要求网页设计者能够把这些内容进行合理的安排,给浏览者以赏心悦目的感觉,这样才能达到内容与形式的完美结合,增强网站的吸引力。因此,设计网页不仅是一项技术性的工作,还是一项艺术性的工作,要求设计者有较高的艺术修养和审美情趣,这样才能设计出高水平的网页来。网页的排版布局就是决定网站美观与否的一个重要方面,通过合理的、有创意的布局,可以把文字、图像等内容完美地展现在浏览者的面前。而布局的好坏在很大程度上取决于设计者的艺术修养水平和创新能力,然而这并不是说网页的布局无章法可循,完全是灵感之作,它也有内在的规律和要求。只要按照这些要求去做,再加上奇特创意,一个吸引人的网页布局是会出现的。

(一)网页排版布局的步骤

1. 构思

根据网站内容的整体风格,设计版面布局。可以参考其他的优秀网站,调用自己的各种知识储备,特别是艺术方面的,在大脑中不断地酝酿、碰撞,往往不经意就有闪光的思想出现。这时就要抓紧时间把它变成文字的东西,用笔在纸上粗略的勾画出布局的轮廓,不要讲究细节,只要有一个轮廓就行。当然也可以有多种想法,尽量把它们都画出来,然后再比较,采用其中一种比较满意的方案。

2. 初步填充内容

这一步就要把一些主要的内容放到网页中,例如网站的标志、广告条、菜单、导航条、计数器等,要注意重点突出,把网站标志、广告条、菜单放在最突出、最醒目的位置,然后再考虑其他元素的放置。

3.细化

在确定各主要元素之后,就可以考虑文字、图像、表格等页面元素的排版布局了。在这一步,可以用网页编辑工具把草案做成一个简略的网页,同时对每一个元素所占的比例也要有一个详细的数字,以便以后修改。

(二)网页排版布局的原则

上面简要地介绍了设计网页布局的步骤,事实上,在构思和设计的过程中,还必须要掌握以下的几项原则:

1.平衡性

一个好的网页布局应该给人一种安定、平稳的感觉,它不仅表现在文字、图像等要素在空间占用上分布均匀,而且还有色彩的平衡,要给人一种协调的感觉。

2.对称性

对称是一种美,我们生活中有许多事物都是对称的,但过度的对称就会给人一种呆板、死气沉沉的感觉,因此要适当地打破对称,制造一点变化。

3.对比性

让不同的形态、色彩等元素相互对比,来形成鲜明的视觉效果。例如黑白对比、圆形和方形对比等,它们往往能够创造出富有变化的效果。

4.疏密度

网页要做到疏密有度,即平常所说的"密不透风,疏可跑马"。不要整个网页一种样式,要适当进行留白,或用空格,改变行间距、字间距等制造一些变化的效果。

5.比例

比例适当在布局中非常重要,虽然不一定都要做到黄金分割,但比例一定要协调。

网页有一个好的布局,会令网站访问者耳目一新,同样也可以使访问者比较容易在站点上找到他们所需要的信息,所以网页制作初学者应该对网页布局的相关知识有所了解。

(三)常见的网页版式

1.骨骼型

网页版式的骨骼型是一种规范的、理性的分割方法,类似于报刊的版式。常见的骨骼有竖向通栏、双栏、三栏、四栏和横向的通栏、双栏、三栏和四栏等,一般以竖向分栏为多。这种版式给人以和谐、理性的美。几种分栏方式结合使用,既理性、条理,又活泼而富有弹性,如图 1-4 所示。

2.满版型

页面以图像充满整版,主要以图像为诉求点,也可将部分文字置于图像之上,视觉传达效果直观而强烈。满版型给人以舒展、大方的感觉。随着宽带的普及,这种版式在网页设计中的运用越来越多。如图 1-5 所示。

3.分割型

把整个页面分成上下或左右两部分,分别安排图片和文案。两个部分形成对比:有图片的部分感性而具活力,文案部分则理性而平静。可以调整图片和文案所占的面积,来调节对比的强弱。例如:如果图片所占比例过大,文案使用的字体过于纤细,字距、行距、段

图 1-4　综合运用多种分栏形式

图 1-5　满版型

落的安排又很疏落,则造成视觉心理的不平衡,显得生硬。倘若通过文字或图片将分割线虚化处理,就会产生自然和谐的效果。

如图 1-6,上半部用作视觉表现,引发情感,下半部用来解释说明。

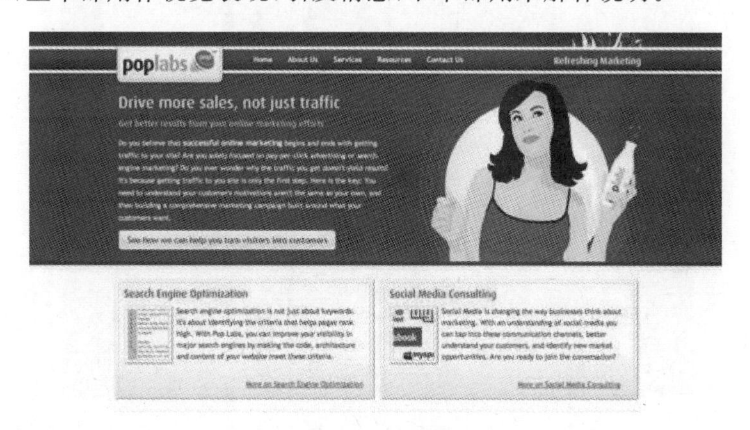


图 1-6　水平分割

如图 1-7 为垂直不均匀割型，多数用在二级页面，左边放置导航条，右边显示相关信息。

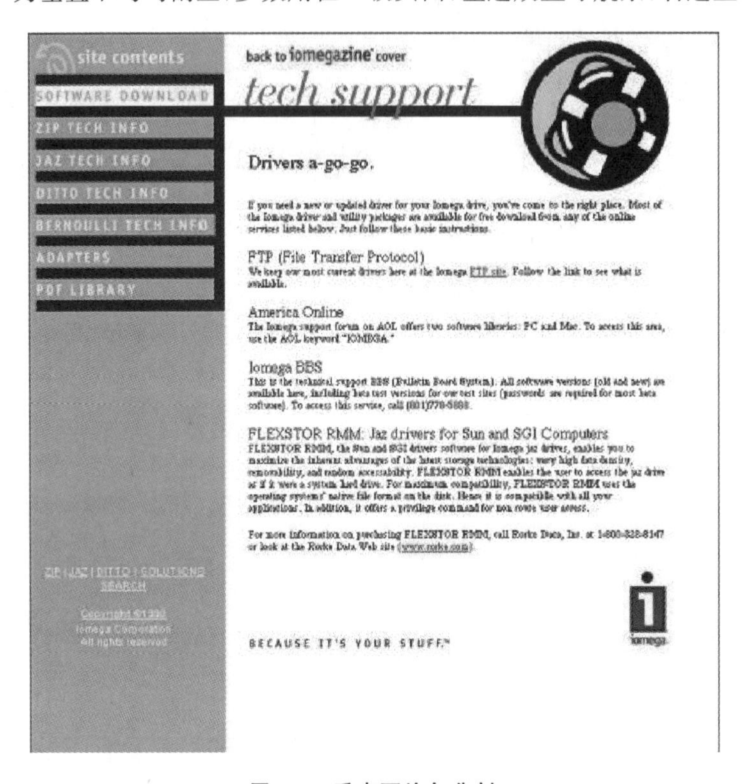


**图 1-7　垂直不均匀分割**

4. 中轴型

沿浏览器窗口的中轴将图片或文字作水平或垂直方向的排列，如图 1-8 所示。水平排列的页面给人稳定、平静、含蓄的感觉。垂直排列的页面给人以舒畅的感觉。

**图 1-8　中轴型**

5.曲线型

图片、文字在页面上作曲线的分割或编排构成,产生韵律与节奏。如图 1-9 所示。

图 1-9　曲线型

6.倾斜型

页面主题形象或多幅图片、文字作倾斜编排,形成不稳定感或强烈的动感,引人注目。如图 1-10 所示,文字水平排列,将画框斜置,产生对比与动势,印象被加强。

图 1-10　倾斜型

7.对称型

对称的页面给人稳定、严谨、庄重、理性的感受。如图 1-11 所示。

对称分为绝对对称和相对对称。一般采用相对对称的手法,以避免呆板。左右对称的页面版式比较常见。

四角型也是对称型的一种,是在页面四角安排相应的视觉元素。四个角是页面的边

图 1-11 对称型

界点，重要性不可低估。在四个角安排的任何内容都能产生安定感。控制好页面的四个角，也就控制了页面的空间，越是凌乱的页面，越要注意对四个角的控制。

8. 焦点型

焦点型的网页版式通过对视线的诱导，使页面具有强烈的视觉效果。焦点型分三种情况：

(1)中心。将对比强烈的图片或文字置于页面的视觉中心。如图 1-12 所示。

图 1-12 中心型

(2)向心。视觉元素引导浏览者视线向页面中心聚拢,就形成了一个向心的版式。向心版式是集中的、稳定的,是一种传统的手法。如图 1-13 所示。

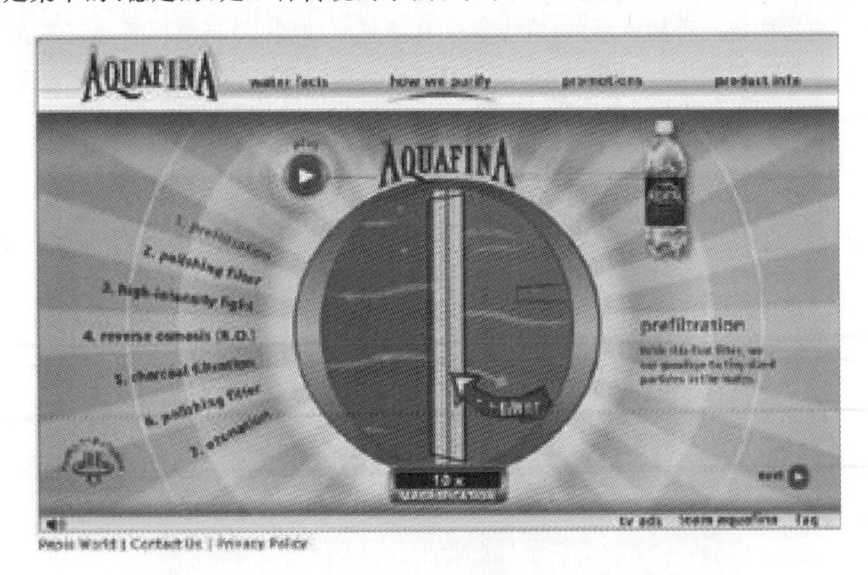


图 1-13　向心型

(3)离心。视觉元素引导浏览者视线向外辐射,则形成一个离心的网页版式。离心版式是外向的、活泼的,更具现代感,运用时应注意避免凌乱。如图 1-14 所示,通过离心的版式,清晰地传达出网站提供的服务。

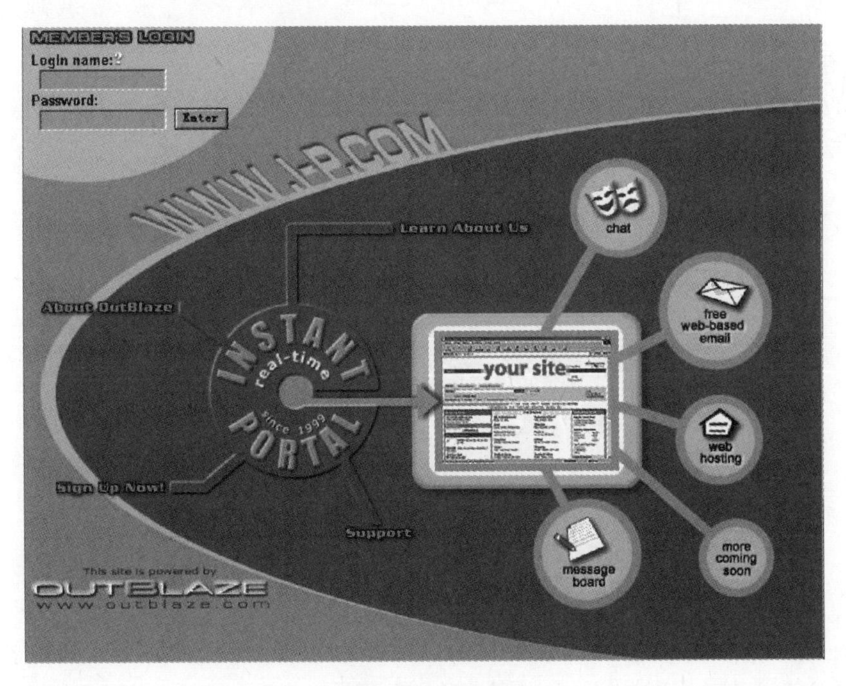


图 1-14　离心型

9. 三角型

网页各视觉元素呈三角形排列。正三角形(金字塔型)最具稳定性,倒三角形则产生动感,侧三角形构成一种均衡版式,既安定又有动感。如图 1-15,整体看为正三角形的构图,主体形象稳定而突出。

图 1-15　三角型

10. 自由型

自由型的页面具有活泼、轻快的风格。如图 1-16 所示,引导视线的图片以散点构成,传达随意、轻松的气氛。

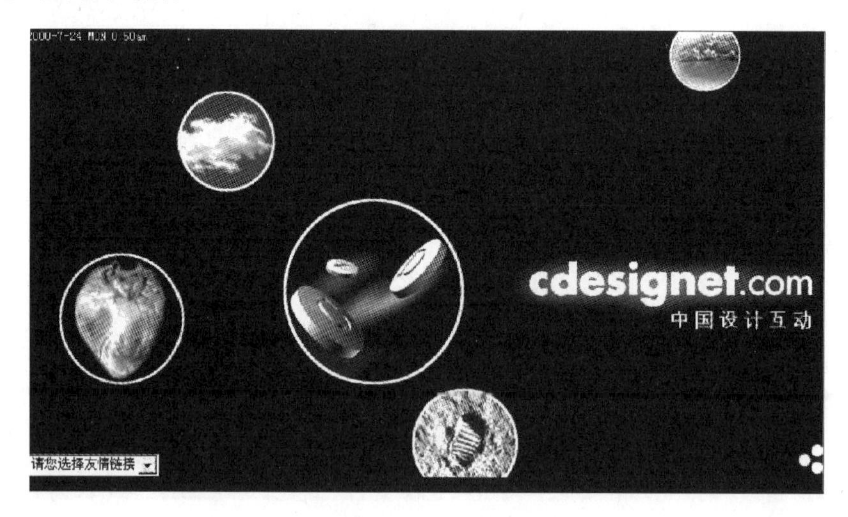


图 1-16　自由型

以上总结了目前网络上常见的布局,其实还有许多别具一格的布局,关键在于设计者的创意和设计。对于版面布局的技巧,这里提供四个建议:(1)加强视觉效果;(2)加强文案的可视度和可读性;(3)统一感的视觉;(4)新鲜和个性是布局的最高境界。

## 四、网页色彩搭配的技巧

色彩,是最先也是最持久地给浏览者以网站形象的因素。如同人的衣着一样,信息空间的构造也需要恰如其分的包装。信息时代的快速到来,网络也开始变得多姿多彩。人们不再局限于简单的文字与图片,他们要求网页看上去漂亮、舒适。而色彩可以让本身很平淡无味的东西,瞬间就变得漂亮、美丽起来。所以当代设计者不仅要掌握基本的网站制作技术,还需要掌握网站的风格、配色等设计艺术。

一个网站不可能单一地运用一种颜色,让人感觉单调、乏味,但是也不可能将所有的颜色都运用到网站中,让人感觉轻浮、花哨。一个网站必须有一种或两种主题色,不至于让客户迷失方向,也不至于单调、乏味。因此确定网站的主题色也是设计者必须考虑的问题之一。

一个页面尽量不要超过4种色彩,用太多的色彩让人没有方向,分不清侧重点。当主题色确定好以后,考虑其他配色时,一定要考虑其他配色与主题色的关系,要体现什么样的效果。

具体运用到网页中,各要素的色彩又是如何搭配的呢?

### (一)网页标题

网页标题是网站的指路灯,浏览者要在网页间跳转,要了解网站的结构、内容,都必须通过导航或者页面中的一些小标题。所以可以使用稍微具有跳跃性的色彩,吸引浏览者的视线,让他们感觉网站清晰、明了,层次分明。

### (二)网页链接

一个网站不可能只是单一的一页,所以文字与图片的链接是网站中不可缺少的一部分。这里特别指出文字的链接,因为链接区别于文字,所以链接的颜色不能跟文字的颜色一样。现代人的生活节奏相当快,不可能浪费太多的时间在寻找网站的链接上,设置了独特的链接颜色,让人感觉它的独特性,好奇心必然驱使浏览者移动鼠标、点击鼠标。

### (三)网页文字

如果一个网站用了背景颜色,必须要考虑背景颜色的用色与前景文字的搭配等问题。一般的网站侧重的是文字,所以背景可以选择纯度或者明度较低的色彩,文字用较为突出的亮色,让人一目了然。

当然,有些网站为了让浏览者对网站留有深刻的印象,便在背景上做文章。比如一个空白页的某一个部分用了很亮的一个大色块,让人豁然开朗。此时为了吸引浏览者的视线,突出的是背景,所以文字就要显得暗一些,这样文字才能跟背景分离开来,便于浏览者阅读文字。

### (四)网页标志

网页标志是宣传网站最重要的部分之一,所以这两个部分一定要在页面上突显而出。怎样做到这一点呢?可以将logo和banner做得鲜亮一些,也就是色彩方面跟网页的主题色分离开来。有时候为了更突出，也可以使用与主题色相反的颜色。

# 行　动

网站规划是指在网站建设前对市场进行分析，确定网站的目的和功能，并根据需要对网站建设中的技术、内容、费用、测试、维护等作出规划。一个网站的成功与建站前的网站规划有着极为重要的关系。在建立网站前应明确建设网站的目的，确定网站的功能、规模、投入费用，进行必要的市场分析等。只有具体的规划，才能避免在网站建设中出现的很多问题，才能使网站建设顺利进行。

网站规划对网站建设起计划和指导的作用，对网站的内容和维护则起定位作用。网站规划书的写作要科学、认真、实事求是，尽可能涵盖网站规划中的各个方面。

在本书中，以“福建省国际电子商务中心”网站的设计为例，来说明网站规划的内容。

项目背景：

福建省国际电子商务中心(Fujian International Electronic Commerce Center)是经福建省人民政府同意，福建省机构编制委员会办公室、福建省外经贸厅批准设立的，隶属于福建省外经贸厅的事业单位。中心以“依托高科技，推广电子商务，促进信息化”为目标，以服务为唯一宗旨，为福建省外经贸行业提供优质的信息技术服务。

主要职责包括：参与制定福建省外经贸系统国际电子商务的标准规定；参与全省外经贸系统国际电子商务活动；中心以“依托高科技，推广电子商务，促进信息化”为目标，隶属于福建省外经贸厅的事业单位，承担外经贸系统的软硬件开发、集成、培训和信息咨询等服务。

## 第一步：明确建设网站的目的及功能

近年来，福建省国际电子商务中心员工在领导的支持下，本着以服务为唯一的宗旨，为福建省外经贸企业提供全面的国际贸易电子商务解决方案、全程电子商务应用，承担技术支持、技术培训及相关政策指导。随着公司业务范围的扩大，业务类型的增多，原公司的网站已远远不能满足公司管理和服务的需要。因此有必要重新建立一个新型的网站，以更好地满足公司的业务发展的需要。

由上面的分析可以看出，该网站的功能应定位为提供服务的电子商务网站。

## 第二步：设计网站的 CI 形象

有了网站的定位，接下来就要对网站的形象进行设计。一个成功的网站，和实体公司一样需要总体的形象包装和设计，有创意的 CI 设计对网站的宣传推广有着不可忽略的效果。

(一)设计网站的标记

网站的标记(logo)是一个站点特色和内涵的集中体现，标志图形的设计创意来自网站的名称和内容，它可以是中文、英文字母，可以是符号、图案，也可以是动画或者人物等。

最常见和最简单的方式是用网站名称的英文字母作标志,采用不同的字体。如 IBM 公司是以英文字母稍加处理作为标志 IBM,新浪网是用字母 sina 和一只眼睛作标志 sina新浪网 sina.com.cn,奔驰汽车是以方向盘作为标志。

福建省国际电子商务中心的设计人员针对公司的特点,经过多次的斟酌,最后将 FIECC 定为公司的 logo,该 logo 整体看去像一个字母 e,代表着公司是从事电子商务的,小 e 中心像一条腾飞的龙,寓意着公司的前程将像龙一样飞黄腾达,将有大的发展。字母 FIECC 是公司名字(Fujian International Electronic Commerce Center)的缩写,也是公司的域名。

(二)选择网站的标准色彩

网站给人的第一印象来自视觉的色彩感受,确定网站的标准色彩是网站建设重要的一步,它不但关系到网站内容传达,而且会影响浏览者的情绪。

1. 红色

红色的色感温暖、性格刚烈而外向,是一种刺激性很强的颜色。红色也是最鲜明生动、最热烈的颜色,因此红色是代表热情的情感之色。鲜明红色极容易吸引人们的目光,也容易使人兴奋、激动、紧张、冲动,还是一种容易使人视觉疲劳的颜色。

图 1-17 是通光集团有限公司的导入页面,页面使用大红高亮,让人觉得眼前一亮。

图 1-17　通光集团导入页面

在网页颜色的应用中,根据网页主题内容的需求,纯粹使用红色为主色调的网站相对较少,多用于辅助色、点睛色,达到陪衬、醒目的效果。通常都配以其他颜色调和。

图 1-18 为四川长虹电子集团有限公司的网站。

2. 绿色

绿色介于冷暖两种色彩的中间,显得和睦、宁静、健康,给人以安全的感觉。它和金黄、淡白搭配,可以产生优雅、舒适的气氛。如图 1-19 所示。

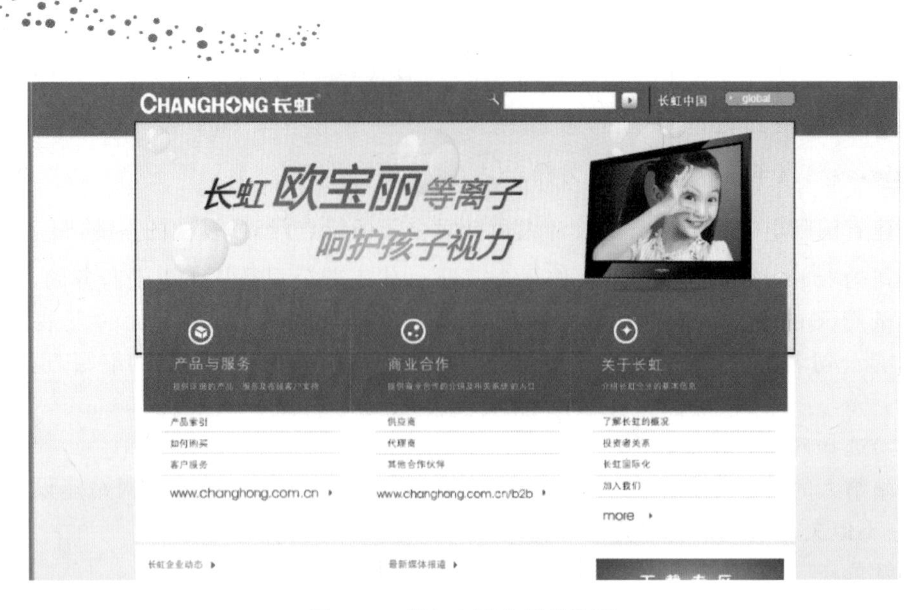


图 1-18　长虹电子集团的首页

图 1-19　中国振华电子集团的导入页面

3. 橙色

橙色具有轻快、欢欣、收获、温馨、时尚的效果，是快乐、喜悦、能量的色彩，具有健康、富有活力、勇敢自由等象征意义，能给人以庄严、尊贵、神秘等感觉。橙色在空气中的穿透力仅次于红色，也是容易造成视觉疲劳的颜色。如图 1-20 所示。

4. 黄色

黄色是阳光的色彩，具有活泼与轻快的特点，给人十分年轻的感觉，象征光明、希望、高贵、愉快。浅黄色表示柔弱，灰黄色表示病态。黄色的亮度最高，和其他颜色配合很活泼，有温暖感，具有快乐、希望、智慧和轻快的个性，有希望与功名等象征意义。黄色也代表着土地，象征着权力，并且还具有神秘的宗教色彩。如图 1-21 所示。

图 1-20 爱国者首页

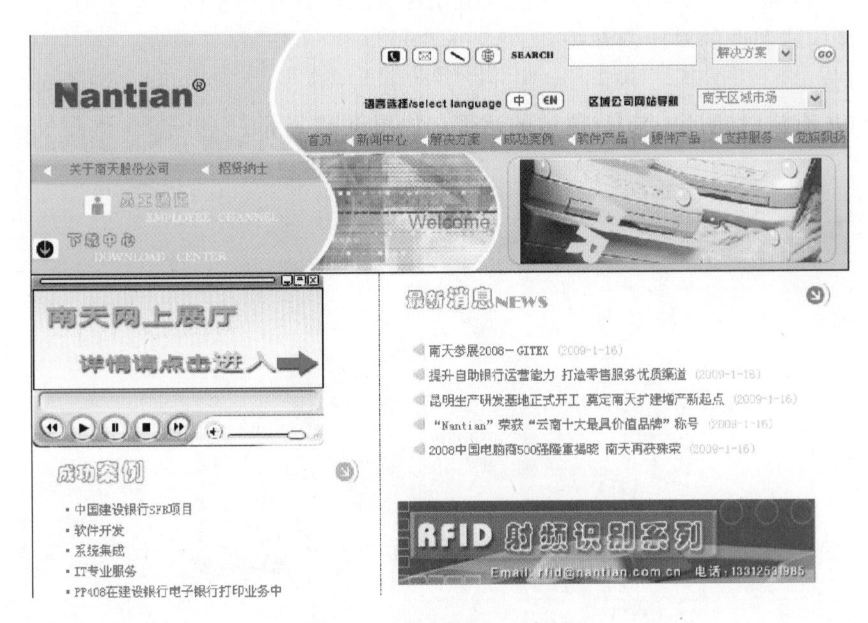


图 1-21 南天股份公司首页

5. 蓝色

蓝色是色彩中比较沉静的颜色,是冷色调最典型的代表色,象征着永恒与深邃、高远与博大、壮阔与浩渺,是令人心境畅快的颜色。如图 1-22 所示。

图 1-22　音响公司首页

蓝色的朴实、稳重、内向性格，可以衬托那些性格活跃、具有较强扩张力的色彩，运用对比手法，同时也活跃页面。另一方面又有消极、冷淡、保守等意味。蓝色与红、黄等色运用得当，能构成和谐的对比调和关系。

6. 白色

白色具有洁白、明快、纯真、清洁的感受。如图 1-23 所示。

图 1-23　白色的个人网站

7. 黑色

黑色具有严肃、夜晚、稳重、深沉，是一种神秘的色彩。如图 1-24 所示。

图 1-24　黑色的个人网站

8. 灰色

灰色具有中庸、平凡、温和、谦让、中立和高雅的感觉。如图 1-25 所示。

图 1-25　联想首页

每种色彩在饱和度、透明度上略微变化就会产生不同的感觉。以绿色为例，黄绿色有青春、旺盛的视觉意境，而深绿色则显得茂盛、健康、成熟。如图 1-26、1-27 所示。

企业的标准色，也就是企业在自己标志、产品及宣传品等方面统一使用的一个固定的颜色。如：联想集团用其电脑的主色——深灰色作为网站的主色调，辅助色是白色，点睛

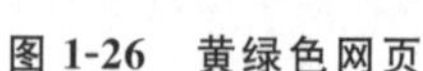
图 1-26 黄绿色网页

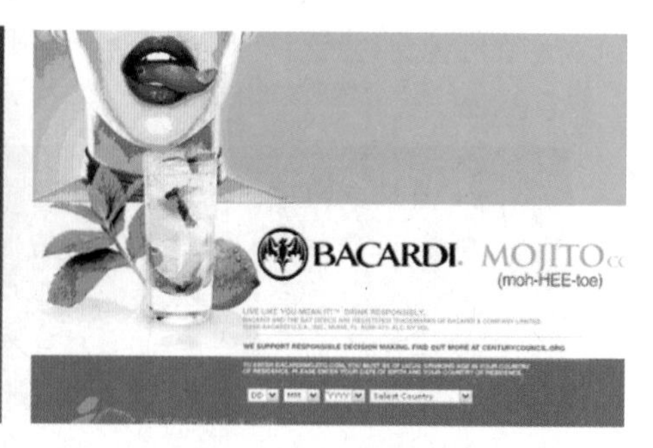

图 1-27 深绿色网页

色是橙色，整个网站显得稳重而又不失活泼。长虹公司的红色、IBM 的蔚蓝色、可口可乐的红色、希望集团的蓝色，这些颜色与企业的形象融为一体，成为企业的象征，使人们对它由熟悉了解而产生信任感和认同感。

国际电子商务中心是一个以提供电子商务技术服务为主的企业，而蓝色是当前该行业的流行色，考虑到其行业特性，以及色彩的不同心理作用，公司的设计者最后确定蓝色为公司网站的标准色彩，网站的背景色为白色，logo 使用浅蓝色，专业广告句使用浅蓝色，文字大部分使用黑色，链接使用浅蓝色，辅助色是白色和蓝色，点睛色是橙色。

(三)设计网站的标准字体

字体是用户获得与网站的信息交互的重要手段，因而文字的易读性和易辨认性是设计网站页面时的重点。不同的字体能营造出不同的氛围，同时不同的字体大小和颜色也对网站的内容起到强调或者提示的作用。

字体的设计应注意以下准则：

(1)文字必须清晰可读，大小合适，文字的颜色和背景色要有较为强烈的对比度，文字周围的设计元素不能对文字造成干扰。

(2)字体与网站的风格统一、协调。

(3)尽可能少用游动文字、图形文字。

可以参考一下一些知名的企业网站的字体设置。如图 1-28 所示，联想集团网站的字体大部分都是使用网页默认的宋体字，只有个别的广告词是用的特殊字体，用图片的方式表式；海尔集团的网站所使用的字体也是以宋体字为主，导航栏字体加粗；IBM 公司的网站也是选用了宋体字，导航栏字体加粗。

因此该中心网站的设计师也选择了网页默认的宋体为网站的主要字体。在导航和目录的部分字体加粗，达到突出的效果。字体的主要色彩是黑色，辅助色是白色和蓝色，显得庄重、大方，个别地方用了较亮的红起突出和点睛的作用。

## 第三步：规划网站的栏目及链接

网站栏目规划对于网站的成败有着非常直接的关系，网站栏目兼具以下两个功能，二者缺一不可。

(一)提纲挈领，点题明义

现在网络的速度越来越快，网络上的信息也越来越丰富，而浏览者却越来越缺乏浏览

图 1-28　联想页面

耐心。在打开网站的数秒钟内,一旦找不到自己所需的信息,网站就会被浏览者毫不客气地关掉。因此,网站的栏目规划首先要做到"提纲挈领,点题明义",用最简练的语言提炼出网站中每一个部分的内容,清晰地告诉浏览者网站在说什么,有哪些信息和功能。

(二)指引迷途,清晰导航

网站的内容越多,浏览者也越容易迷失。除了"提纲"的作用之外,网站的导航机制是网站内容架构的体现,网站导航是否合理是网站易用性评价的重要指标之一。网站的导航机制一般包括全局导航、辅助导航、站点地图等体现网站结构,对用户进行引导的因素。

1. 全局导航

全局导航,又称主导航,它是出现在网站的每一个页面上的一组通用的导航元素,以一致的外观出现在网站的每一页,对用户访问起最基本的方向性指引作用。如图 1-29 所示。

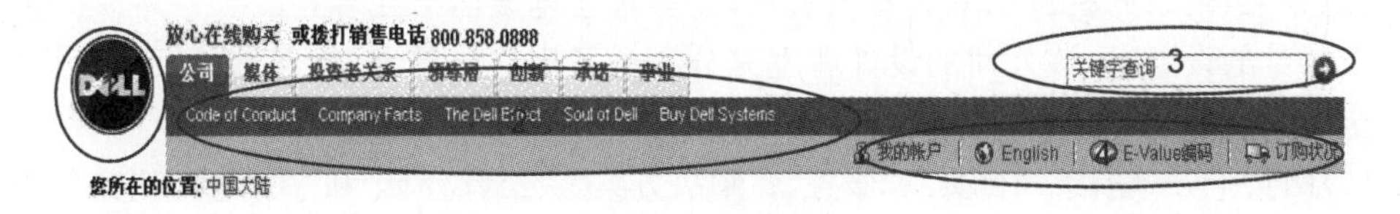


图 1-29　全局导航

在图 1-29 中,1 即站点的 logo,点击 logo 也可以返回到首页;2 是网站的栏目设置;3 是站内搜索;4 是与顾客转化有关的常用工具。

2. 辅助导航

辅助导航又被称作面包屑路径或层级菜单,体现为内页的"当前位置"提示。辅助导航的作用是无论用户身处站内何处,均不会迷路,尤其当网站的栏目层次较多的时候,正确的辅助导航的设置尤为重要。它从另一个层面反映了网站的结构层次，是对全局导航的有效补充。如图 1-30 所示为联想网站的辅助导航。

图 1-30 辅助导航

辅助导航出现在联想网站的每一个内页紧靠主导航条下的位置，以“＞”来对层级进行分隔，简单而形象地从视觉上暗示了浏览层次的前进方向；末尾的“Y 系列”和当前所在页面的名称一致，并用不同的颜色加以突出，让浏览者对当前的所在位置一目了然。

3. 网站地图

网站地图(site map)将网站内深层次的链接关系以一个扁平的页面呈现出来，同它的命名一样，可以让用户对网站的内容与结构全局快速了解。网站地图就如大卖场指示图一样，让浏览者对各个卖场的区域划分具体位置有个初步的了解。

如图 1-31 所示，该网站地图放弃所有虚饰性图片，富有层次感的设计将栏目结构层次清晰地呈现出来，并对重要栏目有简述说明，能对用户起到很好的指引作用。

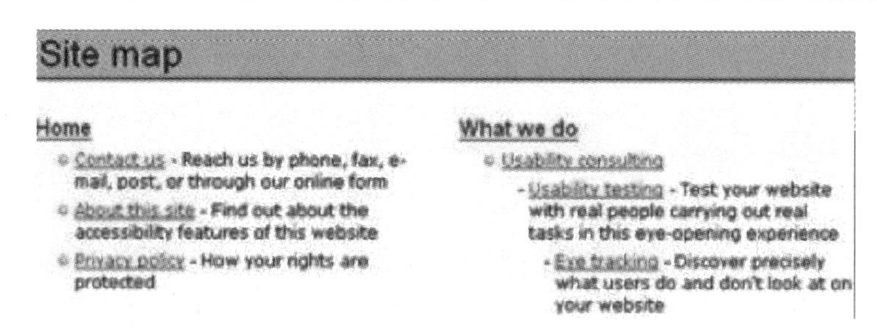


图 1-31 网站地图

归根结底，成功的栏目规划还是基于对用户需求的理解。对于用户和需求理解得越准确、越深入，网站的栏目也就越具吸引力，能够留住越多的潜在客户。

在栏目的设置上，该公司的设计者也充分考虑了用户的需求，在网站的页面上规划了四个全局导航栏。

(1)网页上方导航条：“首页”、“服务”、“解决方案”、“经验分享”和“关于我们”五个栏目。

(2)网页下方导航条：“关于我们”、“本网简介”、“广告服务”、“联系我们”、“友情链接”、“法律申明”。

(3)站内搜索。

(4)站外快速链接。

该网站内的链接采用的是星状链接结构，站内还使用了辅助导航和网站地图，用户可以方便地找到自己想要的东西，可以随时到想去的页面。

在项目上主要分为以下几块：

(1)“关于我们”栏目:分为“中心介绍”、“新闻动态”、“社会责任”、“中心刊物”、“合作伙伴”和“联系我们”。

(2)“产品”栏目:分为“财务软件”、“外贸管理软件”、“外贸操盘手软件”。

(3)“服务”栏目:分为“战略咨询”、“营销策划”、“培训认证”、“信息服务”、“技术支持”、“网站建设”。

(4)“解决方案”栏目:分为“国际贸易解决方案”和“开发区公共信息服务平台解决方案”。

## 第四步:设计网站的布局

网站界面的布局方式、展示形式直接影响用户使用网站的方便性。合理的页面布局能令用户快速发现网站的核心内容和服务;如果页面布局不合理,用户不知道如何开始获取所需的信息或者怎么执行操作来获得相应的服务,那么他们就会离开这个网站,甚至以后都不会再访问这个网站。

在进行网站版式的设计时,可以参考一下现在行业中普遍使用的版式。

图1-32是联想的主页面,它使用的是分割式,横向将网页分为三栏,其中中间的banner约占窗体的二分之一,里面包含了大量的广告信息。

图1-32 联想网页

图1-33是Haier公司的网站首页,其所使用的版式为横向分割式,banner图占页面的二分之一,六张不同的banner表现了海尔公司不同领域的产品,页面简洁。

图1-34是宝胜集团有限公司的网站,网站页面使用的是横纵结合的分割式,设计美观大方,网站功能齐全。

图1-35是大唐电信科技股份有限公司的网站,网站采用横纵分割式,该网站整体设计美观。

由上可知,分割式是现在大部分企业网站的首选版式,因此电子商务中心的设计师也

图 1-33 海尔首页

图 1-34 宝胜集团

选择了分割型图文混排的版式。页面横向分为四栏，上面是公司的 logo 图和导航栏，中间是大幅的 banner 图，占整个窗口的约三分之一的位置，并且 banner 图上有简短的商业广告语言，用简单的动画的形式表现，直接就将用户的视线吸引过来。再下面一栏又纵向分为四栏，分别是“最新资讯”、“新闻动态”、“经验分享”、“快速链接”，使页面内容更丰富。在文字的下方使用小图标作为链接，起到图文相呼应的作用。

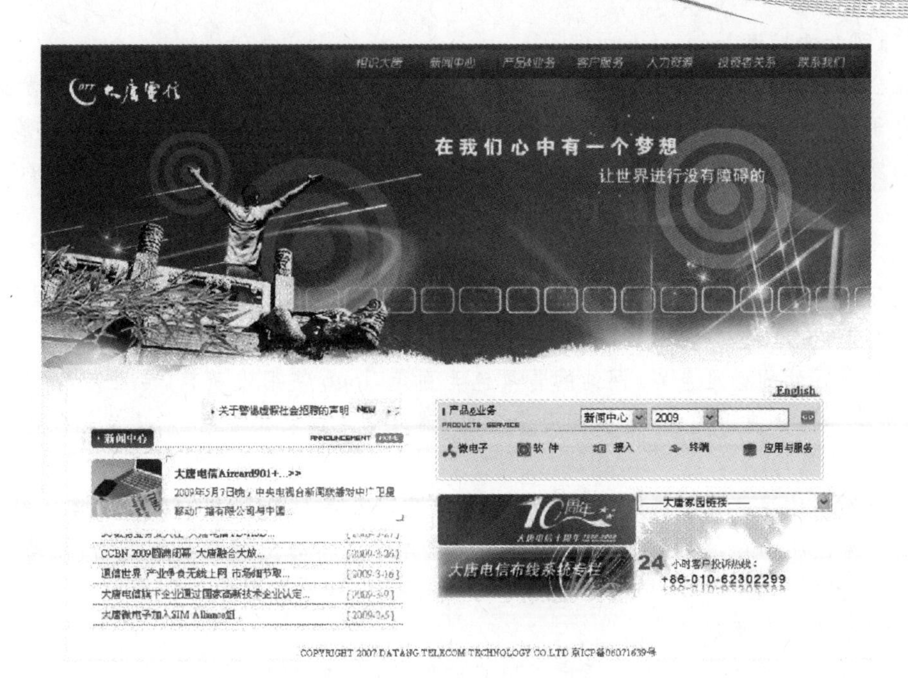


图 1-35　大唐电信科技公司

**附:福建省国际电子商务公司网站规划报告**

福建省国际电子商务中心(Fujian International Electronic Commerce Center)是经福建省人民政府同意,福建省机构编制委员会办公室、福建省外经贸厅批准设立的,隶属于福建省外经贸厅的事业单位。中心以"依托高科技,推广电子商务,促进信息化"为目标,以服务为唯一宗旨,为福建省外经贸行业提供优质的信息技术服务。

主要职责包括:参与制定福建省外经贸系统国际电子商务的标准规定;参与全省外经贸系统国际电子商务活动;中心以"依托高科技,推广电子商务,促进信息化"为目标,是隶属于福建省外经贸厅的事业单位,承担外经贸系统的软硬件开发、集成、培训和信息咨询等服务。

1.建设网站的目的及功能定位

本公司以服务为唯一的宗旨,属于服务型的电子商务公司,主要是为省内外经贸企业提供全面的国际贸易电子商务解决方案、全程电子商务应用,承担技术支持、技术培训及相关政策指导。随着公司业务范围的扩大、业务类型的增多,原公司的网站已远远不能满足公司管理和服务的需要。因此有必要重新建立一个新型的网站,以更好地满足公司业务发展的需要。

2.网站的主要建设内容

本网站系统建设的主要内容有:产品、服务、解决方案、经验分享、关于我们,特别是以产品和服务为建设重点栏目,体现公司的主营业务。并在每个栏目中提供网站全文搜索窗口。

3.网站的CI形象设计

(1)网站的标记 logo

在公司的 logo 设计上，我们使用公司原有的标志图，即一个字母 e 字，代表着公司是从事电子商务的，小 e 中心像一条腾飞的龙，寓意着公司的前程将像龙一样飞黄腾达，将有大的发展。字母 FIECC 是公司名字(Fujian International Electronic Commerce Center)的缩写，也是公司的域名。如图：。

(2)网站色彩设计

国际电子商务中心是一个以提供电子商务技术服务为主的企业，而蓝色是当前该行业的流行色，考虑到其行业特性，以及色彩的不同心理作用，公司的设计者最后确定以蓝色作为公司网站的标准色彩，网站的背景色为白色，logo 使用浅蓝色，专业广告句使用浅蓝色，文字大部分使用黑色，链接使用浅蓝色，辅助色是白色和蓝色，点睛色是橙色。

(3)字体设计

整个网站的字体是以网页默认的宋体字为主。在导航和目录的部分字体加粗，达到突出的效果。Banner 图上字体使用长城大标宋体。字体的主要色彩是黑色，辅助色是白色和蓝色，显得庄重、大方，个别地方用了较亮的红，起突出和点睛的作用。

4. 网站的栏目及链接

在栏目的设置上，我们充分考虑了用户的需求，在网站的页面上规划了四个全局导航栏。

(1)网页上方导航条：首页、服务、解决方案、经验分享和关于我们五个栏目。

(2)网页下方导航条：关于我们、本网简介、广告服务、联系我们、友情链接、法律申明。

(3)站内搜索。

(4)站外快速链接。

该网站内的链接采用星状链接结构，站内还使用了辅助导航和网站地图，使用户可以方便地找到自己想要的东西，可以随时到想去的页面。

在项目上主要分为以下几块：

(1)“关于我们”栏目：分为中心介绍、新闻动态、社会责任、中心刊物、合作伙伴和联系我们。

(2)“产品”栏目：分为财务软件、外贸管理软件、外贸操盘手软件。

(3)“服务”栏目：分为战略咨询、营销策划、培训认证、信息服务、技术支持、网站建设。

(4)“解决方案”栏目：分为国际贸易解决方案和开发区公共信息服务平台解决方案。

5. 网站的布局

在网站的布局上，参考大部分企业网站的首选版式，我们选择了分割型图文混排的版式。首页面横向分为四栏，上面是公司的 logo 图和导航栏，中间是大幅的 banner 图，约占整个窗口的三分之一，并且 banner 图上有简短的商业广告语言，用简单的动画形式表现，直接就将用户的视线吸引过来。再下面一栏又纵向分为四栏，分别是最新资讯、新闻动态、经验分享、快速链接，使页面内容更丰富。在文字的下方使用小图标作为链接，起到图文相呼应的作用。

# 评　价

讨论和评价各小组完成的项目网站规划报告。

我们将请省国际电子商务中心的兼职教师和我们共同讨论、点评项目规划报告。各小组组织讨论、介绍并评价所完成的规划报告,并填写以下的评价表,最后交给老师进行评级。表中各个项目的评价等级为:A、B、C、D、E,分别对应 5、4、3、2、1 分,乘以各项目的权重,最后求加权和。

**表 1-1　网站规划评价表**

| 评价项目(权重) | 具体指标 | 学生自评等级 | 老师评价等级 |
| --- | --- | --- | --- |
| 名称(10%) | 正气、响亮、易记、有特色 | | |
| 内容设计(20%) | 网站内容是否完善 | | |
| 界面的风格(25%) | 界面风格是否统一、有特色 | | |
| 网站布局(20%) | 布局效果是否理想、有创新 | | |
| 导航和功能(25%) | 设计是否清晰,功能是否完善 | | |

# 知识拓展

为了能更好地应用色彩来设计网页,要了解一下色彩的一些基本概念。

(1)原色也叫“三原色”,即红、黄、蓝三种基本颜色。如图 1-36 所示。自然界中的色彩种类繁多、变化丰富,但这三种颜色却是最基本的原色,原色是其他颜色调配不出来的。除白色外,把三原色相互混合,可以调和出其他的颜色。

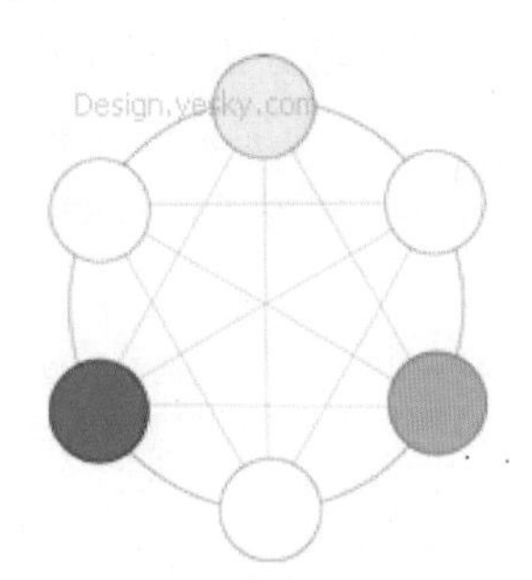

**图 1-36　三原色**

(2)现实生活中的色彩可以分为彩色和非彩色,其中黑、白、灰属于非彩色系列,其他的色彩都属于彩色。任何一种彩色都具备三个特征:色相、明度和纯度,其中非彩色只有明度属性。

(3)色相指的是色彩的名称。这是色彩最基本的特征,是一种色彩区别于另一种色彩的最主要的因素。具体指的是红、橙、黄、绿、青、蓝、紫。其中红、橙、黄光波较长,对人的视觉有较强的冲击力;绿、蓝、紫光波较短,对人视觉的冲击力弱。

(4)明度也叫亮度,指的是色彩的明暗程度,明度越大,色彩越亮。明度最高的是黄色,橙、绿次之,红、青再次之,最暗的是蓝色与紫色。

(5)纯度指色彩的饱和程度,纯度高的色彩纯、鲜亮。纯度低的色彩黯淡,含灰色。

(6)间色又叫“二次色”。它是由三原色调配出来的颜色,是由 2 种原色调配出来的。

红与黄调配出橙色，黄与蓝调配出绿色，红与蓝调配出紫色，橙、绿、紫三种颜色又叫“三间色”。在调配时，由于原色在分量多少上有所不同，所以能产生丰富的间色变化，视觉刺激的强度相对三原色来说缓和不少，属于较易搭配之色。

间色分析：如图 1-37，4 种间色搭配在一起，显得非常明快、鲜亮。

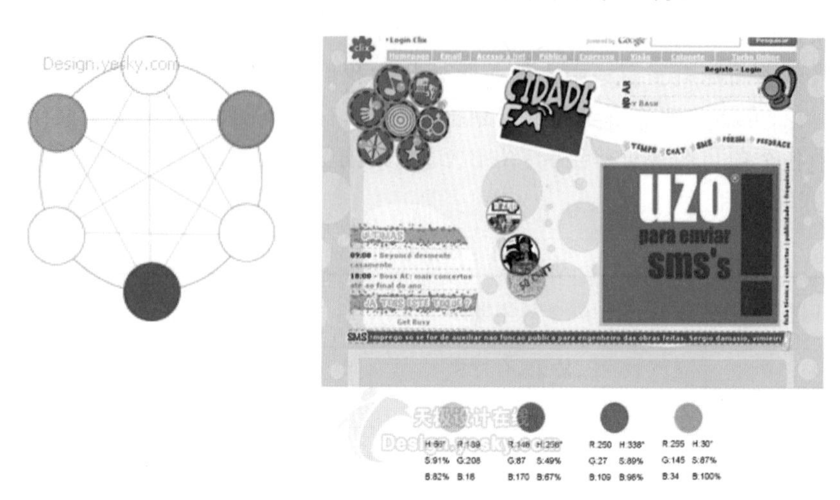


图 1-37　间色搭配的网页示例

(7)复色也叫“复合色”。复色是由原色与间色相调或由间色与间色相调而成的“三次色”，复色的纯度最低，含灰色成分。复色包括了除原色和间色以外的所有颜色。由于复色色相倾向较微妙、不明显，视觉刺激度缓和，如果搭配不当，页面便呈现易脏或易灰蒙蒙的效果，给人以沉闷、压抑之感，属于不好搭配之色。但有时复色加深色搭配能很好地表达神秘感、纵深感空间感。明度高的复色多用来表示宁静柔和、细腻的情感，适于长时间的浏览。

复色分析：如图 1-38 所示，4 种颜色中深绿色和赭石色为复色，之所以还选择其他两种颜色，为的是更好地配合说明复色的特性，如果没有另外两种非复色搭配，页面配色就可能出现脏等不舒服的感觉。

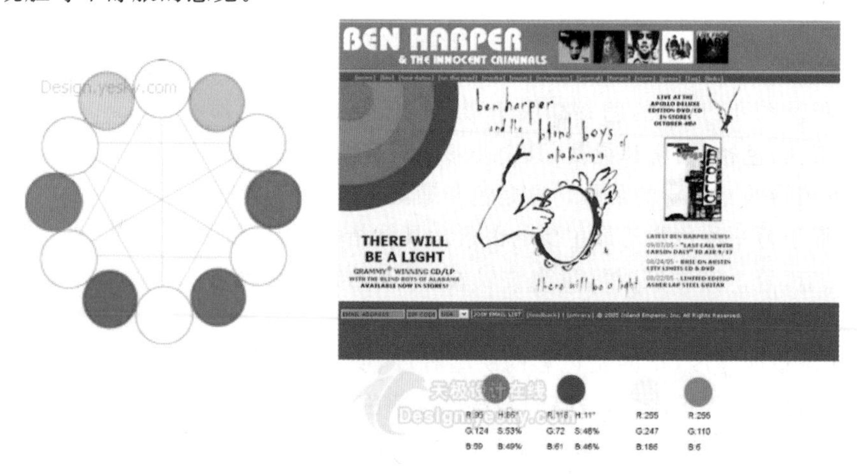


图 1-38　复色搭配的网页示例

(8)补色,是广义上的对比色。在色环上划直径,正好相对(即距离最远)的两种色彩互为补色。如:红色是绿色的补色,橙色是蓝色的补色,黄色是紫色的补色。补色的运用可以造成最强烈的对比。

补色分析:图 1-39 选用了一组红绿对比色,极富视觉冲击力,所表现出的性格异常鲜明。纯度稍低的绿色为背景的大面积使用,对比并突出了前景纯度、明度较高,面积较小的红色图形,视觉中心重点突出,达到主次分明的主题效果。

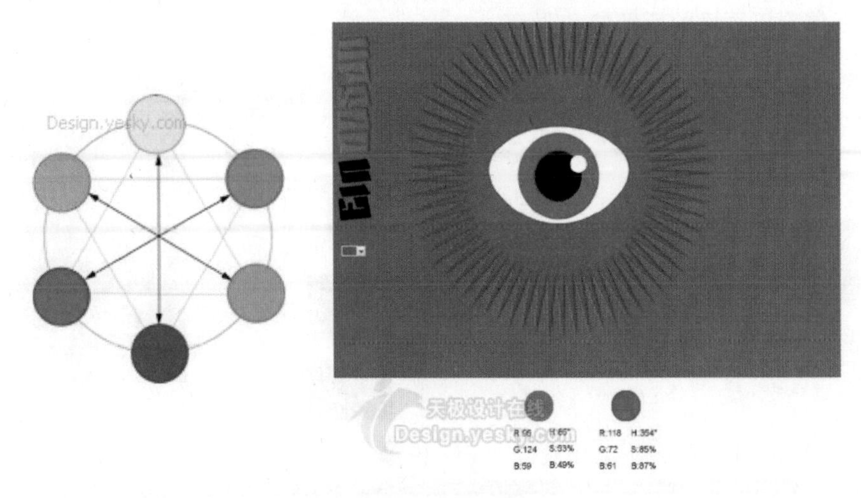


图 1-39　补色搭配示例

(9)邻近色,是在色环上任一颜色同其毗邻之色。邻近色也是类似色关系,只是范围缩小了一点。例如红色和黄色、绿色和蓝色互为邻近色。

邻近色分析:图 1-40 选用了红色、黄色为邻近色示例,主要在色相上做区别丰富了页面色彩上的变化。由于是相邻色系,视觉反差不大,统一、调和,形成协调的视觉韵律美,显得安定、稳重的同时不失活力,是一种恰到好处的配色类型。

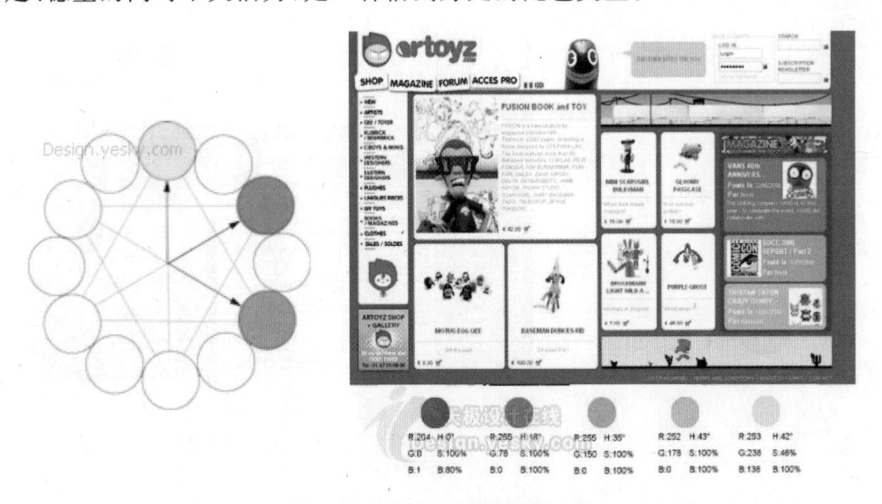


图 1-40　邻近色搭配网页示例

(10)同类色,比邻近色更加接近的颜色,它主要指在同一色相中不同的颜色变化。例如,红颜色中有紫红、深红、玫瑰红、大红、朱红、桔红等种类,黄颜色中又有深黄、土黄、中黄、桔黄、淡黄、柠檬黄等区别。它起到色彩调和统一,又有微妙变化的作用。

同类色分析:如图 1-41 所示,选用红色系的 4 种同类色,主要在明度上做区别变化。第一眼看上去给人温柔、雅致、安宁的心理感受,便可知该组同类色系非常调和统一。只运用同类色系配色,是十分谨慎稳妥的做法,但是有时会有单调感。添加少许相邻或对比色系,可以体现出页面的活跃感和强度。

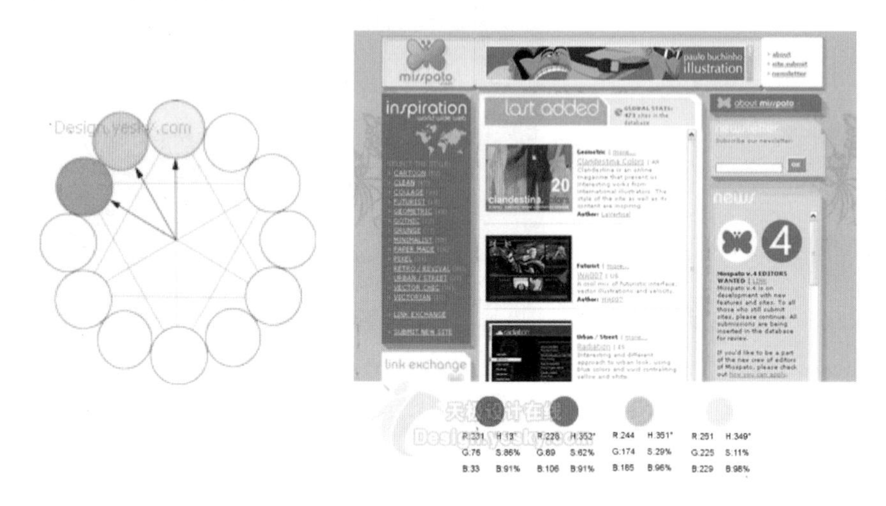


**图 1-41　同类色搭配的网页示例**

(11)暖色,指的是红、橙、黄这类颜色。暖色系的饱和度越高,其温暖特性越明显。暖色可以刺激人的兴奋性,使体温有所升高。

暖色分析:如图 1-42 所示,高明度高纯度的色彩搭配,把页面表达得鲜艳炫目,有非常强烈刺激的视觉表现力,充分体现了暖色系的饱和度越高,其温暖特性越明显的性格。

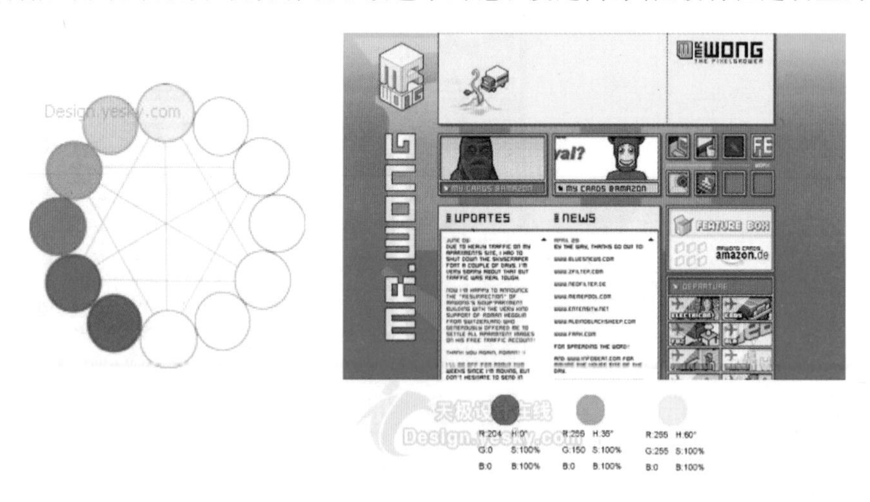


**图 1-42　暖色搭配的网页示例**

(12)冷色,指的是绿、青、蓝、紫等颜色,冷色系亮度越高,其特性越明显。冷色能够使人的心情平静、清爽、恬雅。

冷色分析:如图 1-43 所示,该网页示例主要选用了邻近色系蓝色、绿色和同类色的明度变化。冷色系的亮度越高,其特性越明显。单纯冷色系搭配视觉感比暖色系舒适,不易造成视觉疲劳。蓝色、绿色是冷色系的主要色,是设计中较常用的颜色,也是大自然之色,带来一股清新、祥和、安宁的空气。

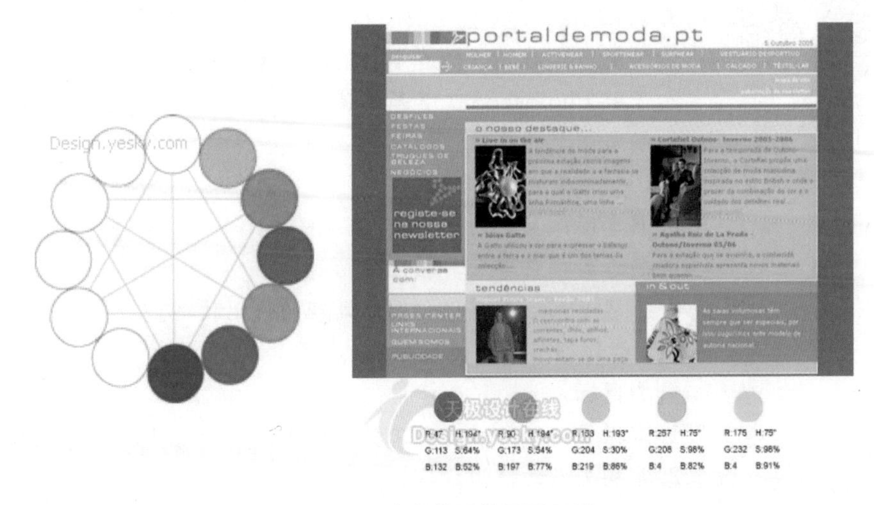


图 1-43 冷色搭配的网页示例

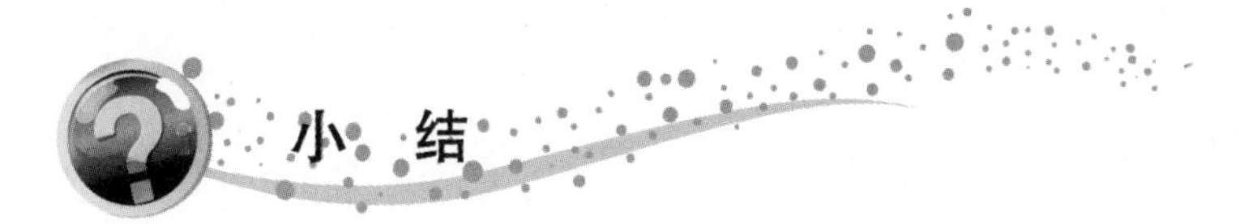

## 小 结

一个网站的成功与建站前的网站规划有着极为重要的关系。在建立网站前应明确建设网站的目的,确定网站的功能、规模,进行必要的市场分析等。只有具体的规划,才能避免在网站建设中出现的很多问题,使网站建设能顺利进行。网站规划书应该尽可能涵盖网站规划中的各个方面,网站规划书的写作要科学、认真、实事求是。

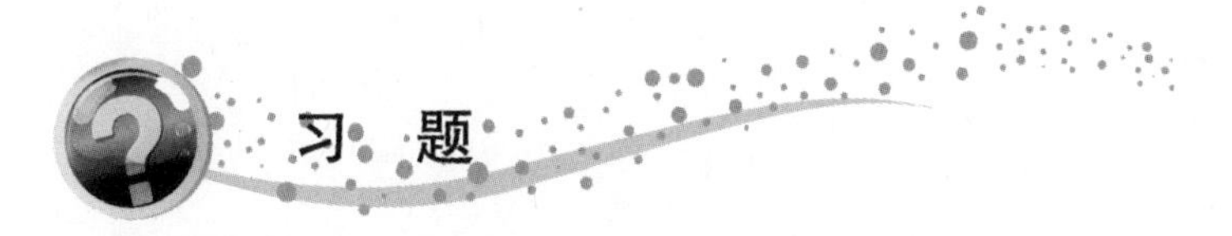

## 习 题

1. 制作一份自己的个人网站的策划案。
2. 制作一份商业网店的策划案。

# 学习情境2

# 首页图片的设计

知识目标：

1. 了解 Photoshop 的基本功能及图像的基本概念。
2. 了解 Photoshop 工具箱的使用。
3. 了解图层的使用。
4. 了解遮罩层的作用。
5. 熟悉图像菜单的使用。
6. 熟悉滤镜菜单及其相应的功能。
7. 了解 Photoshop 进行图像处理的使用技巧。

8 了解切割工具的使用方法。

能力目标：

1. 掌握 Photoshop 各种工具的使用。
2. 掌握文本的使用方法。
3. 掌握遮罩层的制作方法。
4. 能使用图片处理软件设计网站的 logo 图、banner 图、栏目图片等。
5. 能使用图片处理软件设计网站的首页整体效果图。

## 任　务

每小组成员利用图片处理软件 Photoshop，设计小组策划网站首页效果图。

## 知识准备

### 一、图像基础知识

（一）像素

像素是构成位图图像的最小单位。每一个像素具有位置和颜色信息，位图中的每一个小色块就是一个像素。

（二）矢量式图像和点阵图

数字图像按照图面元素的组成可以分为两类，即矢量式图像（vector image）和点阵式图像(raster image)。两类图像各有优缺点,但是又可以搭配使用,互相取长补短。

1. 矢量图(vector)

矢量图也叫向量图,简单地说,就是缩放不失真的图像格式,如图 2-1 所示。矢量图是利用数学的矢量方式来记录图像内容的,因此文件所占的容量较小,处理时需要的内存也少,另外在放大缩小或者旋转以后不失真,所以适合于制作 3D 图像以及以线条和色块为主的图像。它的缺点是不易制作色调丰富或色彩变化太多的图像,所以绘制出来的图形不够逼真,无法像照片一样精确地描写自然界的景物,同时也不易在不同的软件之间交换文件。矢量式图像处理软件有 Freehand、Illustrator、CorelDraw 和 AutoCAD 等。

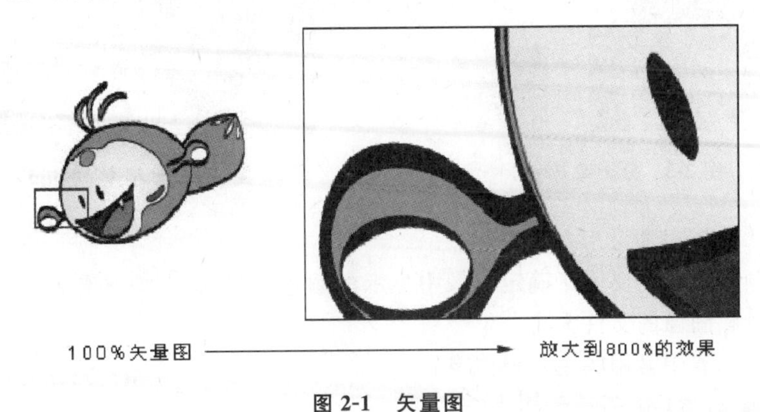


图 2-1　矢量图

2. 点阵图(bitmap)

点阵图也叫位图,是由众多色块(像素)组成的。位图的每个像素点都含有位置和颜色信息,如图 2-2 所示。当将位图放大到一定倍数后,可以较明显地看到一个个方形色块,在放大缩小或者旋转处理后会产生失真,图像变成马赛克状,同时文件数据量巨大,对内存容量的要求也较高。常见的点阵式图像处理软件有 Photoshop、Corel Photopaint 和 Design Painter 等。

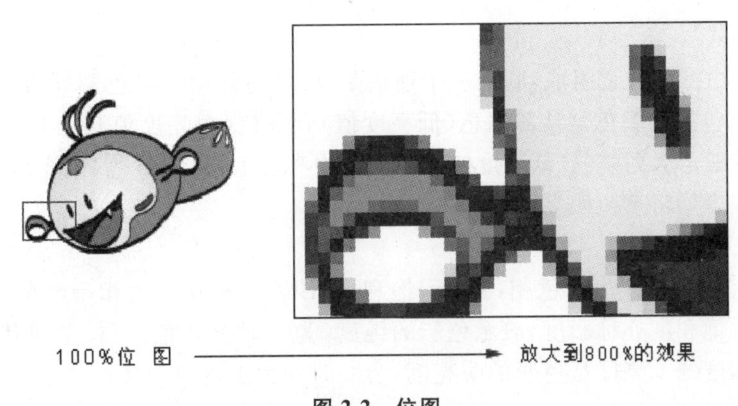


图 2-2　位图

(三)图像大小与分辨率

分辨率是单位长度内的点、像素的数量。分辨率高低直接影响位图图像的效果,太低会导致图像粗糙，在排版打印时图片会变得非常模糊；而使用较高的分辨率则会增加文件的大小，并降低图像的打印速度。如图 2-3 和图 2-4，可以看到分配率高低的图像对比。

图像分辨率和图像大小之间有着密切的关系。图像分辨率越高，所包含的像素越多，也就是图像的信息量就越大，因而文件也就越大。

**图 2-3　分辨率 72ppi**

**图 2-4　分辨率 300ppi**

（四）颜色模型和常用色彩模式

图像的颜色模式主要用于确定图像中显示的颜色数量，同时它还影响图像中默认颜色通道的数量和图像的文件大小。

在 Photoshop 中常用的色彩模式有：

1. RGB 模式

RGB 是色光的色彩模式。R 代表红色（red），G 代表绿色（green），B 代表蓝色（blue）。在 RGB 模式中，由红、绿、蓝相叠加可以产生其他颜色，因此该模式也叫加色模式。显示器、投影设备以及电视机等许多设备都依赖于这种加色模式来实现的。

2. CMYK 模式

CMYK 模式是由青色（cyan）、洋红色（megenta）、黄色（yellow）和黑色四种基本颜色组合成不同色彩的一种色彩模式。这是一种减色色彩模式。在打印和印刷时应用的是这种减色模式。

3. Lab 模式

Lab 模式由三个通道组成，它的一个通道是亮度，另外两个是色彩通道，用 A 和 B 来表示。A 通道包括的颜色是从深绿色（低亮度值）到灰色（中亮度值）再到亮粉红色（高亮度值）；B 通道则是从亮蓝色（低亮度值）到灰色（中亮度值）再到黄色（高亮度值）。在 Lab 模式下色彩混合后将产生明亮的色彩。

4. HSB 模式

在 HSB 模式中，H 表示色相，S 表示饱和度，B 表示亮度。色相是纯色，即组成可见光谱的单色。饱和度亦称彩度，表示色彩的纯度，为 0 时为灰色。白、黑和其他灰色色彩都是没有饱和度的。亮度是色彩的明亮度，为 0 时即为黑色。

5. 索引模式

在这种模式下，只能存储一个 8bit 色彩深度的文件，即最多 256 种颜色，而且颜色都是预先定义好的。这种色彩模式在进行滤镜处理时效果不太好，但由于其文件存储空间小，多用于多媒体制作和互联网。

6. 灰度模式

灰度模式中只存在灰度,这种模式包括从黑色到白色之间的256种不同深浅的灰色调。在灰度文件中,图像的色彩饱和度为0,亮度是唯一能够影响灰度图像的选项。当一个彩色文件被转换为灰度文件时,所有的颜色信息都将从文件中去掉。Photoshop允许将一个灰度文件转换为彩色模式文件,但不能够将原来的色彩丝毫不变地恢复回来。

7. 位图模式

位图模式就是只有黑色和白色两种像素组成的图像。需要注意的是,只有灰度图像或多通道图像才能被转化为位图模式。当图像转换为位图模式后,无法进行其他编辑,甚至不能复原灰度模式时的图像。

8. 双色调模式

位图模式用一种灰度油墨或彩色油墨渲染一个灰度图像,为双色套印或同色浓淡套印模式。

## 二、了解 Photoshop CS3 的基本功能

(一)Photoshop CS3 概述

Photoshop CS3 是 Adobe 公司推出的专业图像编辑软件,在众多图像处理软件中,该软件以其功能强大、集成度高、适用面广和操作简便而著称于世。Photoshop 支持多种图像格式、多种颜色模式、分层处理功能,可以利用软件的各种功能制作各种艺术效果及绘画效果。使用 Photoshop 可以对已有的图片进行编辑设计处理,包括海报、招贴、包装设计、效果图处理、宣传册的制作、数码照片处理、界面设计等。

(二)Photoshop CS3 的新特征

1. 界面

打开 Photoshop CS3 时,外观上的改变首先映入眼帘,如图2-5所示。左边的工具箱成了一个单列的长条,可以通过单击工具箱左上方的双箭头,实现单列和双列之间的转换。选项板消失了,而工作区的菜单则出现在选项栏的右边。选项板可以折叠一些小图标,而如果按住 Shift+Tab 键隐藏所有浮动的选项板,那么选项板就会在鼠标盘旋在工作区的右边时再次出现,这个新的界面旨在为用户提供更大的工作区。

2. 智慧滤镜

原来 Photoshop 中最不灵活的一项功能就是使用滤镜,因为一旦滤镜被应用,文档就会被保存,没有任何方法撤销。现在增加了智慧滤镜,滤镜也能够成为调节层和层遮罩操作时最为灵活的工作方式。在将一个层转换为一个智慧对象之后,用户可以在图像中任意添加、调整、删除滤镜,并可保持原图像的质量不受损失,因此称之为非破坏性智能滤镜。

3. 快速选取

Photoshop CS3 中新增了一个“快速选择工具”,该工具是魔术棒的快捷版本,只需要选择笔刷的大小,接着再拖动到想选择的区域,按住不放就可以选择区域。当然在选项栏里也有“新选区”、“添加到选区”和“从选区减去”3种模式可供选择。它的效果非常好,比起使用魔棒工具,要少花费许多精力。

图 2-5 photoshop 界面

4. 优化边缘

Photoshop CS3 中所有选择工具都在选项栏上添加了非常重要的一个功能——优化边缘。在一次选择完毕之后，点击“调整边缘”按钮，打开对话框，在对话框中可以对选区的“半径”、“对比度”和“平滑度”等进行控制。甚至可以以快速遮罩的形式来查看选区，可以在白色的背景下，也可以在黑色的背景下，或是一个灰阶的遮罩。所有的这些都有一个实时预览。毫无疑问，这既能节约大量时间，又能保证更为精确地进行选区选取。

5. 显示模式

首先工具箱上的快速蒙版模式和屏幕切换模式改变了切换方法，其次是多了一种“最大化屏幕模式”，用户只需点击“显示模式”按钮，就可以改变屏幕的显示方式。

6. “新建”对话框

“新建”对话框添加了直接建立网页、视频和手机内容的尺寸预设值。如常见的移动设备、照片等。

7. 更方便的曲线调整

曲线对话框中，Photoshop CS3 增加了一些更贴心的选项，如用户可以设定要显示哪些数据。

8. 黑白转换控制

新增加的“黑白转换”功能，可以直接转换彩色图像到黑白图像和单色图像，并且可以调整每种色调的浓淡。

9. 更快打印

CS3 的打印对话框调整了很多，所有的设置和预览都在同一个窗口中，而不需要像在 CS2 中在多个不同的窗口中设置参数。

10. 自动对齐和自动融合

自动对齐和自动融合功能，可以节省很多操作，自动融合或对齐图片。

11. 改进的 Brige

新的 Brige 比上一个版本又有了长足的进步,内置的 Loupe 工具可以放大特定区域而不用放大整个图片,并且用户可以并排图片进行对比。更多的调整还包括允许用户更方便地获取图片信息、更快渲染缩略图,并且提升了幻灯片方式查看的功能。

12. 增强的克隆和修复功能

在 CS3 中新增加了一个"克隆源"调板,它和仿制图章配合使用,允许定义多个克隆源(采样点)。另外克隆源可以进行重叠预览,提供具体的采样坐标,可以对克隆源进行移位缩放、旋转混合等编辑操作。克隆源可以是针对一个图层,也可以是所有图层。

(三)Photoshop 的工具箱

第一次启动应用程序时,工具箱(见图 2-6)将出现在屏幕左侧,可通过拖移工具箱的标题栏来移动它。通过选取"窗口"—"工具",可以显示或隐藏工具箱。

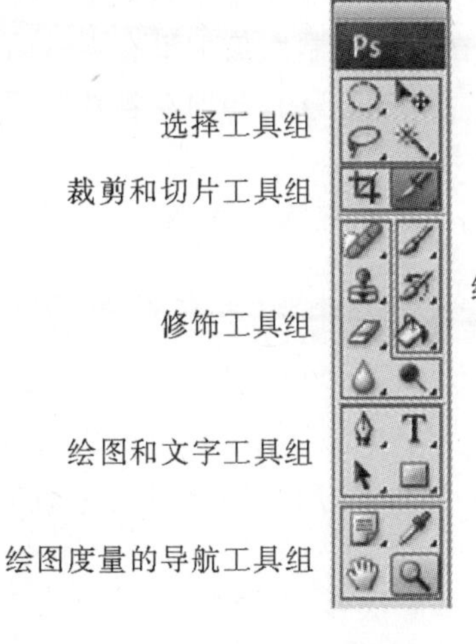


图 2-6 工具箱

点击工具箱内的某一个工具,如果工具的右下角有小三角形,那说明它是一个工具组,可以用鼠标右键单击工具图标来查看隐藏的工具,然后点击要选择的工具。

Photoshop CS3 中每个工具都会有一个相应的工具选项属性栏,这个属性栏出现在主菜单的下面,使用起来十分方便,可以设置工具的参数。

大多数图像编辑工具都拥有一些共同属性,如色彩混合模式、不透明度、动态效果、压力和笔刷形状等。

1. 色彩混合模式

色彩混合模式决定了进行图像编辑(包括绘画、擦除、描边和填充等)时,当前选定的绘图颜色如何与图像原有的底色进行混合,或当前层如何与下面的层进行色彩混合。Photoshop CS3 中的色彩混合模式如下:

- 正常模式
- 溶解模式
- 背后模式
- 颜色加深模式
- 变暗模式
- 变亮模式

- 正片叠底模式
- 叠加模式
- 重叠模式
- 柔光模式
- 强光模式
- 颜色减淡模式
- 差值模式
- 排除模式
- 色度模式
- 饱和度模式
- 颜色模式
- 亮度模式

设置色彩混合模式，对于绘图工具而言，可通过该工具的选项条；对于图层而言，可利用图层控制面板。

2. 设置不透明度

通过设置不透明度，可以决定底色的透明程度，其取值范围是1%～100%，值越大，透明度越大。

对于工具箱中的很多种工具，在工具选项条中都有设置不透明度项，设置不同的值，作用于图像的力度也不同。此外，在图层控制面板中也有不透明度这一项，除了背景层之外的图层都能设置不同的透明度。透明度不同，叠加在各种图层上的效果也不一样。

3. 设置流动效果

利用此功能可以绘制出由深到浅逐渐变淡的线条，该参数仅对画笔、喷枪、铅笔和橡皮擦工具有效，它的取值范围是1%～100%。

Flow值越大，由深到浅的效果越匀称，褪色效果越缓慢，但是如果画线较短或此数值较大，则无法表现褪色效果。

4. 设置力度效果

对于喷枪、模糊、锐化和涂抹工具而言，用户还可以通过力度参数来设置图像处理时的透明度，力度越小，颜色变化越少。

5. 设置画笔

在使用喷枪、画笔、橡皮图章、图案图章、铅笔等工具时，用户可通过画笔子面板选择画笔笔尖的形状(硬边笔刷和软边笔刷)和尺寸，以便修饰图像细节。此外，用户还可以通过画笔控制面板安装设置画笔，更改画笔的大小和形状，以便自定义专用画笔。

(四)Photoshop CS3 的各个工具选项

1. 选框工具

选框工具可建立矩形、椭圆、单行和单列选区。图2-7为选择属性窗口，图2-8为矩形选择工具。

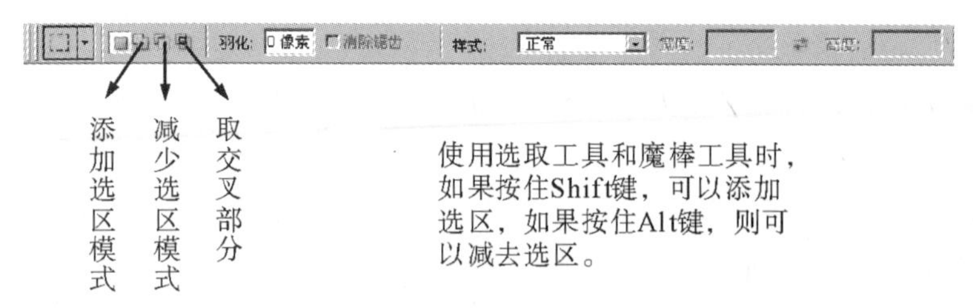


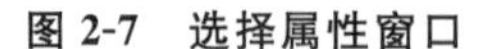
图2-7　选择属性窗口

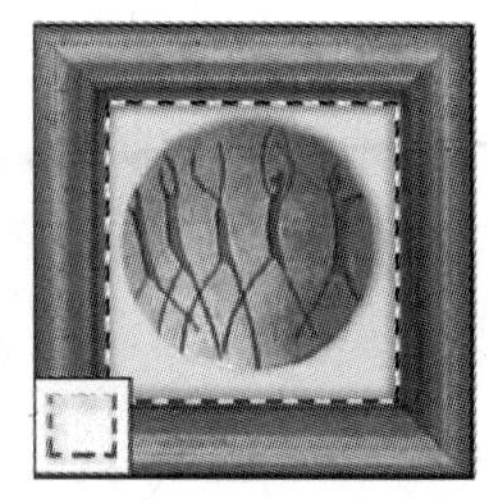
图2-8　矩形选择工具

2. 移动工具

使用移动工具可以移动图像中被选取的区域(此时鼠标必须位于选区内,其图标表现为黑箭头的右下方带有一个小剪刀)。移动工具的图标是▶✥。如果图像不存在选区或鼠标在选区外,那么用移动工具可以移动整个图层。如果想将一幅图像或这幅图像的某部分拷贝后粘贴到另一幅图像上,只需用移动工具把它拖放过去就可以了。如图 2-9 所示。

图 2-9 移动工具

3. 套索工具组

(1)曲线套索工具

曲线套索工具可以定义任意形状的区域。

(2)多边形套索工具

如果在使用曲线套索工具时按住 Alt 键,可将曲线套索工具暂转换为多边形套索工具使用。多边形套索工具的使用方法是单击鼠标形成固定起始点,然后移动鼠标就会拖出直线,在下一个点再单击鼠标就会形成第二个固定点,如此类推直到形成完整的选取区域。当终点与起始点重合时,在图像中多边形套索工具的小图标右下角就会出现一个小圆圈,表示此时单击鼠标可与起始点连接,形成封闭的、完整的多边形选区。也可在任意位置双击鼠标,自动连接起始点与终点形成完整的封闭选区。

(3)磁性套索工具

磁性套索工具的使用方法是按住鼠标在图像中不同对比度区域的交界附近拖拉,Photoshop 会自动将选区边界吸附到交界上,当鼠标回到起始点时,磁性套索工具的小图标的右下角会出现一个小圆圈,这时松开鼠标即可形成一个封闭的选区。使用磁性套索工具,就可以轻松地选取具有相同对比度的图像区域。磁性套索工具的使用如图 2-10 所示。

图 2-10 套索工具

4. 魔棒工具组

魔棒工具组包括快速选择工具和魔棒工具,是根据相邻像素的颜色相似程度来确定选区的选取工具。

当使用魔棒工具时,Photoshop 将确定相邻近的像素是否在同一颜色范围容许值之内,这个容许值可以在魔棒选项浮动窗口中定义,所有在容许值范围内的像素都会被选上。如图 2-11 所示。

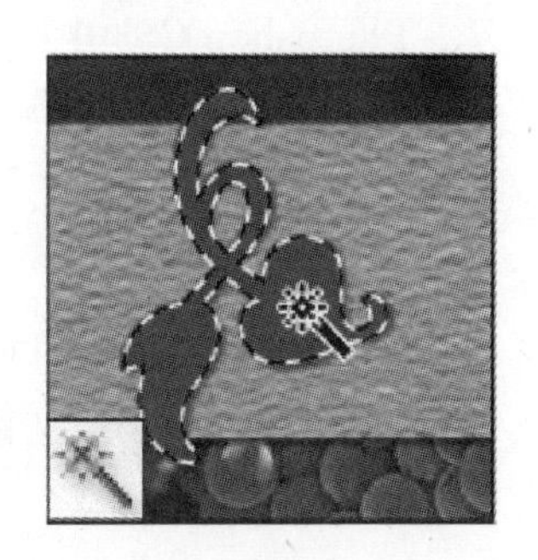

图 2-11 魔棒工具

魔棒工具的选项浮动窗口如图 2-12 所示,其中容差的范围在 0～255 之间,默认值为 32。输入的容许值越低,则所选取的像素颜色和所单击的那一个像素颜色越相近;反之,可选颜色的范围越大。如果选择"用于所有图层"选项,Photoshop 会把所有的图层看作一个图层来处理,当选择此选项后,不管当前是在哪个图层上操作,所使用的魔棒工具将对所有的图层都起作用，选取的是所有图层中相近的颜色。

图 2-12　魔棒工具属性窗口

5. 裁切工具

裁切工具是将图像中被裁切工具选取的图像区域保留而将没有被选中的图像区域删除的一种编辑工具。它的基本图标是。

可以单击工具箱窗口中的裁切工具调出裁切工具选项窗口，如图 2-13 所示。在选项浮动窗口中可分别输入宽度和高度值，并输入所需分辨率。这样在使用裁切工具时，无论如何拖动鼠标，一旦确定后，最终的图像大小都将和在选项浮动窗口中所设定的尺寸及分辨率完全一样。裁切图形过程及结果分别如图 2-14、图 2-15 所示。

图 2-13　裁切工具属性窗口

图 2-14　裁切图形

图 2-15　裁切结果

6. 切片工具组

Photoshop CS3 中的切片工具组中包括切片工具和切片选取工具，主要用来将源图像分成许多功能区域。将图像存为 Web 页时，每个切片作为一个独立的文件存储，文件中包含切片的设置、颜色面板、链接、翻转效果及动画效果。

(1)切片工具

切片工具的选项对话框如图 2-16 所示，该对话框中的样式选项包含如下 3 个参数：

图 2-16　切片工具属性窗口

①正常:切片的大小由鼠标随意拉出。

②固定长宽比:输入切片宽和高的比例值。

③固定大小:输入宽度和高度的数值,切割时按照此数值自动切割。

切片工具的操作过程如图 2-17 所示。

(2)切片选择工具

切片选择工具的选项对话框如图 2-18 所示。

**图 2-18　切片选择工具属性窗口**

该窗口中有 4 个按钮、、、,它们分别是置为顶层、前移一层、后移一层、置为底层 4 个命令。

切片选择工具的操作界面如图 2-19 所示。

7. 修复工具组

修复工具是非常实用的工具,对于照片的修复很有用处。

(1)污点修复画笔工具

污点修复画笔工具可移去污点和对象,能自动进行像素取样,只需一个步骤即可校正污点和对象。如图 2-20 所示。

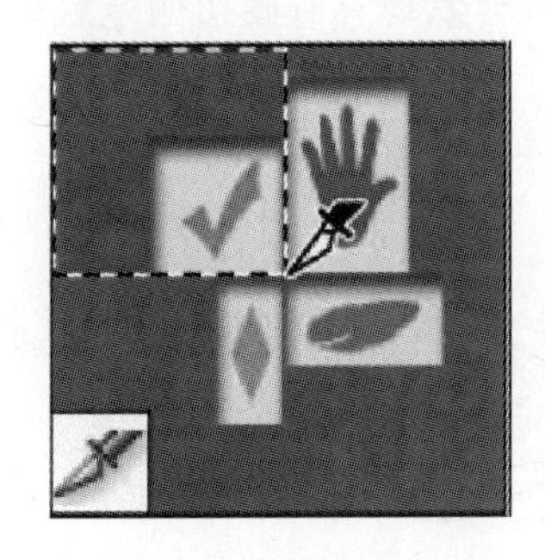

**图 2-17　切片工具**

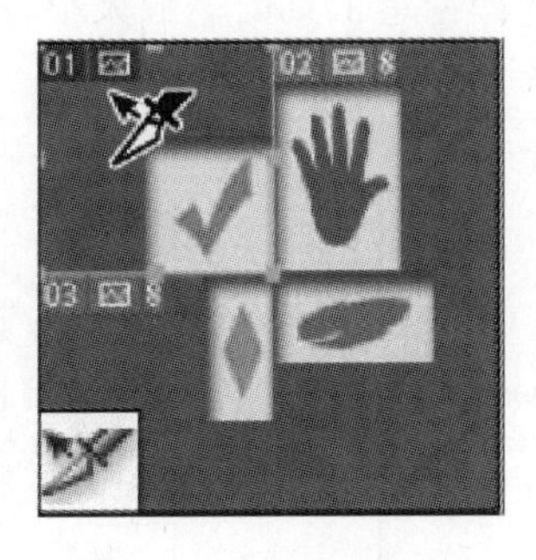

**图 2-19　切片选择工具**

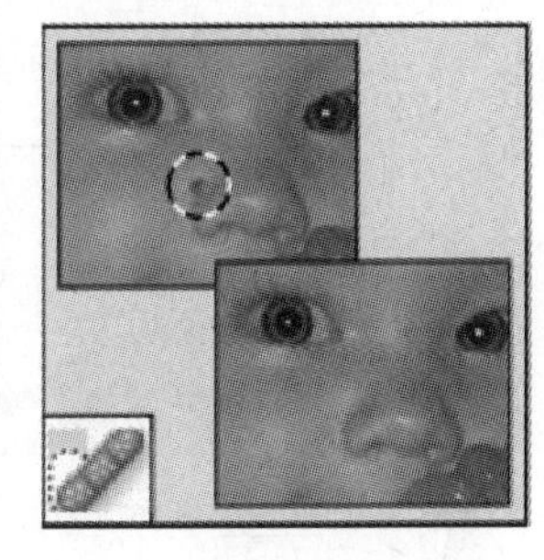

**图 2-20　污点修复画笔工具**

(2)修复画笔工具

修复画笔工具可利用样本或图案绘画以修复图像中不理想的部分。首先要按下 Alt 键,利用光标定义好一个与破损处相近的基准点,然后放开 Alt 键,反复涂抹即可。如图 2-21 所示。

(3)修补工具

修补工具可使用样本或图案来修复所选图像区域中不理想的部分。先勾勒出一个需要修补的选区,会出现一个选区虚线框,移动鼠标时这个虚线框会跟着移动,移动到适当的位置(比如与修补区相近的区域)单击即可。如图 2-22 所示。

(4)红眼工具

红眼工具可移去由闪光灯导致的红色反光。如图 2-23 所示。

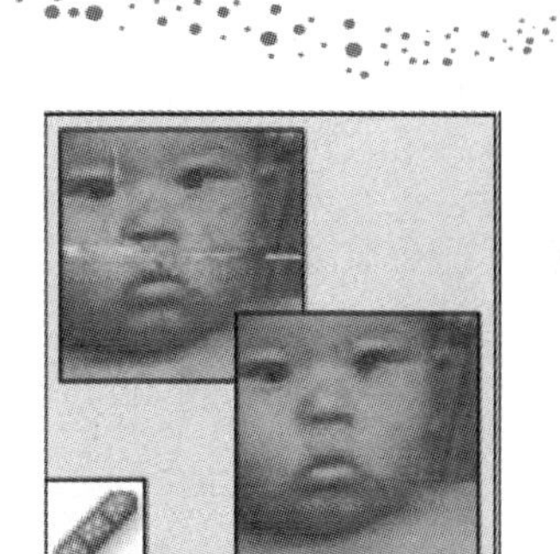
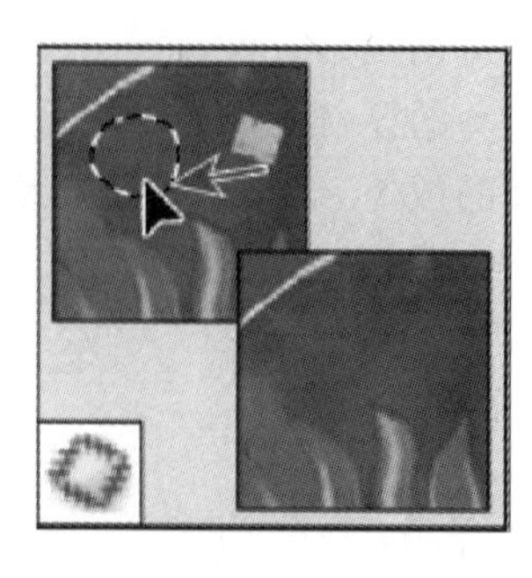
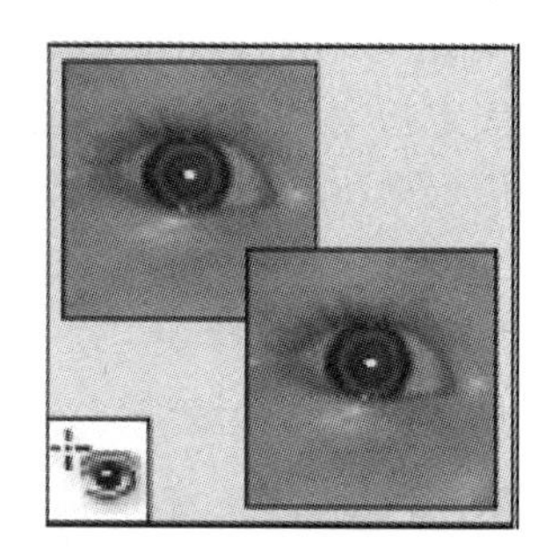

图 2-21 修复画笔工具　　图 2-22 修补工具　　图 2-23 红眼工具

8.画笔工具组

(1)画笔工具

运用画笔工具可以创建出较柔和的笔触,笔触的颜色为前景色。单击工具箱中的毛笔工具图标即可调出画笔工具选项浮动窗口。毛笔工具运用示例如图 2-24 所示。

(2)铅笔工具

运用铅笔工具可以创建出硬边的曲线或直线,它的颜色为前景色。在铅笔工具选项浮动窗口的左上方有一个弹出式菜单栏,此菜单栏用以设定铅笔工具的绘图模式。其中自动抹掉选项被选定以后,如果鼠标的起点处是工具箱中的背景色,铅笔工具将用前景色绘图。当在画笔浮动窗口中选择铅笔工具的笔触大小时,会发现只有硬边的笔触样式。铅笔工具操作示例如图 2-25 所示。

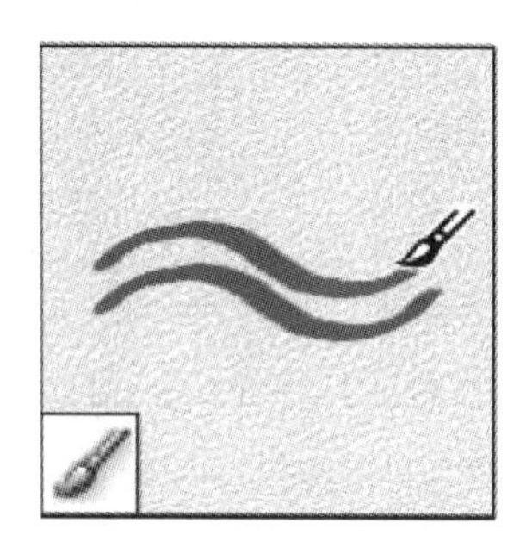

图 2-24 画笔工具

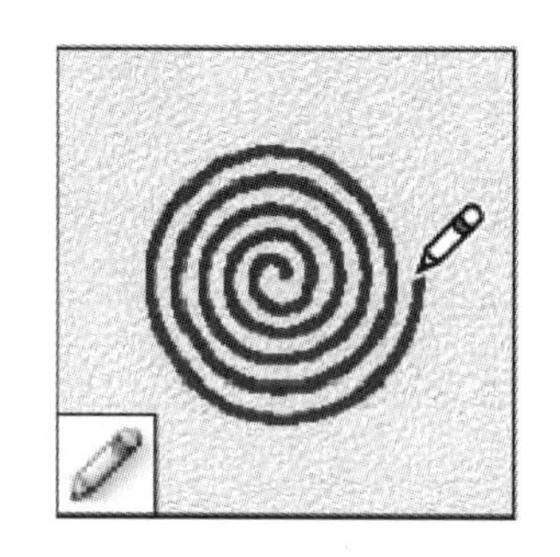

图 2-25 铅笔工具

(3)颜色替换工具

颜色替换工具可将选定颜色替换为新颜色。如图 2-26 所示。

(4)历史画笔工具

历史画笔工具与 Photoshop 的历史记录浮动窗口配合使用。当浮动窗口中某一步骤前的历史画笔工具图标被点中后,用工具箱中的历史画笔工具可将图像修改恢复到此步骤时的图像状态。如图 2-27 所示。

(5)历史记录艺术画笔工具

历史记录艺术画笔工具是一个比较有特点的工具,主要用来绘制不同风格的油画质感图像。选项工具窗口如图 2-28 所示。

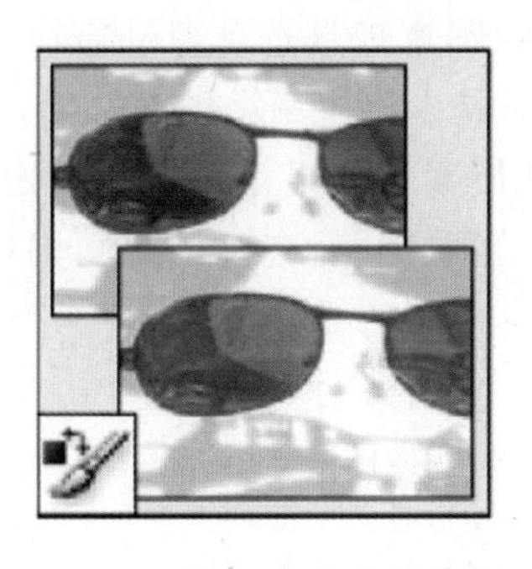

图 2-26 颜色替换工具

图 2-27 历史画笔工具

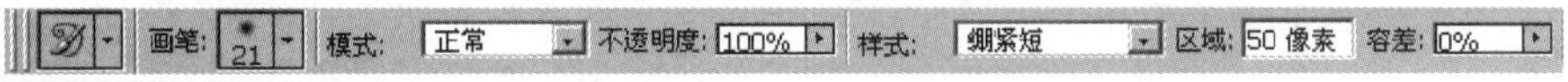

图 2-28 历史记录艺术画笔工具窗口

在历史记录艺术画笔工具的选项窗口中,样式用于设置画笔的风格样式,模式用于选择绘图模式,区域用于设置画笔的渲染范围,容差用于设置画笔的样式显示容差。

历史记录艺术画笔工具操作如图 2-29 所示。

9. 图章工具组

在 Photoshop CS3 中,图章工具根据其作用方式被分成两个独立的工具:仿制图章工具和图案图章工具,它们一起组成了 Photoshop 的一个图章工具组。

(1)仿制图章工具

仿制图章工具是 Photoshop 工具箱中很重要的一种编辑工具。在实际工作中,仿制图章可以复制图像的一部分或全部从而产生某部分或全部的拷贝,它是修补图像时经常要用到的编辑工具。

利用仿制图章工具复制图像,首先要按下 Alt 键,利用图章定义好一个基准点,然后放开 Alt 键,反复涂抹就可以复制了。如图 2-30 所示。

(2)图案图章工具

在使用图案图章工具之前,必须先选取图像的一部分并选择“编辑”菜单下的“定义图案”命令定义一个图案,然后才能使用图案印章工具将设定好的图案复制到鼠标的拖放处。如图 2-31 所示。

图 2-29 历史记录艺术画笔工具  图 2-30 仿制图章工具  图 2-31 图章工具

单击工具箱中的图案图章工具，就会调出图案图章工具选项浮动窗口。此浮动工具窗口与图章工具选项浮动窗口的选项基本一致，只是多出了一个图案选项。当选择“对齐的”选项后，使用图案图章工具可为图像填充连续图案。如果第二次执行定义指令，则此时所设定的图案就会取代上一次所设定的图案。当取消“对齐的”选项，则每次开始使用图案图章工具，都会重新开始复制填充。

10. 橡皮擦工具

橡皮擦工具是图片处理过程中常用的一种工具，在 Photoshop CS3 中有 3 种橡皮擦工具：橡皮擦、背景橡皮擦和魔术橡皮擦。

(1)普通橡皮擦工具

橡皮擦工具可抹除像素并将图像的局部恢复到以前存储的状态。如图 2-32 所示。

(2)背景橡皮擦工具

背景橡皮擦工具可将被擦除区域的背景色擦掉，被擦除的区域将变成透明，使用背景橡皮擦可以有选择地擦除图像，主要通过设置采样色，然后擦除图像中颜色和采样色相近的部分。如图 2-33 所示。

(3)魔术橡皮擦工具

魔术橡皮擦工具有着更灵活的擦除功能，操作也更简洁，设置好魔术棒的属性后，魔术橡皮擦工具只需单击一次即可将纯色区域擦抹为透明区域。如图 2-34 所示。

**图 2-32　普通橡皮擦**

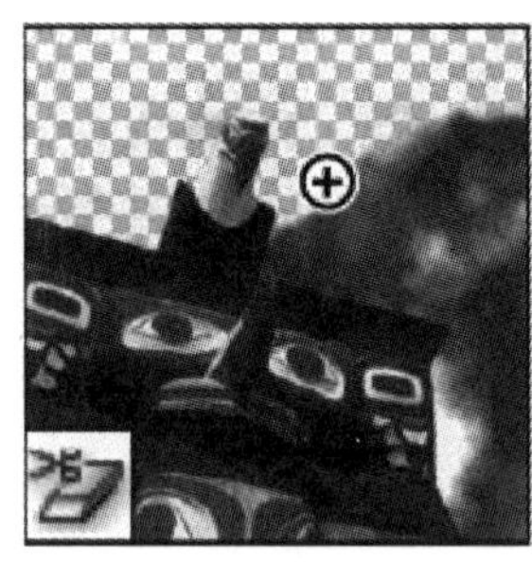

**图 2-33　背景橡皮擦**

**图 2-34　魔术橡皮擦**

11. 填充工具

填充工具主要包括渐变填充工具和油漆桶工具。

(1)渐变填充工具

渐变填充工具可以在图像区域或图像选择区域填充一种渐变混合色，如图 2-35 所示。此类工具的使用方法是按住鼠标拖动，形成一条直线，直线的长度和方向决定渐变填充的区域和方向。如果在拖动鼠标时按住 Shift 键，就可保证渐变的方向是水平、竖直或成 45°角。

(2)油漆桶工具

油漆桶工具可以根据图像中像素颜色的近似程度来填充前景色或连续图案。如图 2-36 所示。单击工具箱中的油漆桶工具，就会调出油漆桶工具选项浮动窗口。

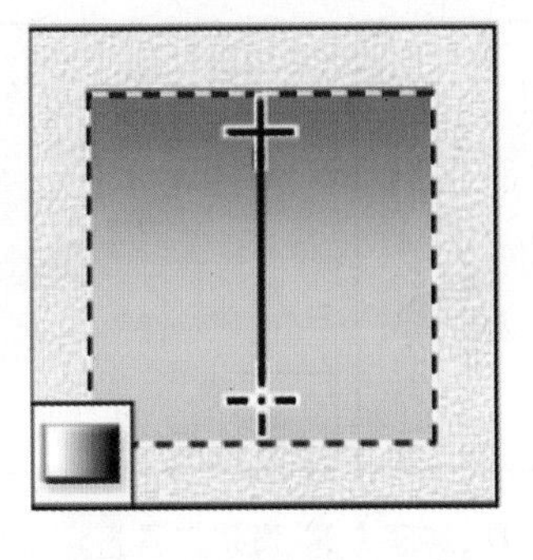
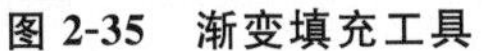

图 2-35 渐变填充工具

图 2-36 油漆桶工具

12. 模糊工具

Photoshop CS3 的调焦工具包括模糊工具、锐化工具和涂抹工具,如图 2-37 所示。此组工具可以使图像中某一部分像素边缘模糊或清晰,可以使用此组工具对图像细节进行修饰。

图 2-37 模糊工具(模糊工具、锐化工具、涂抹工具)

锐化工具可以增加相邻像素的对比度,将模糊的边缘锐化,使图像聚焦。

涂抹工具模拟将手指拖过湿油漆时所看到的效果。该工具可拾取描边开始位置的颜色,并沿拖动的方向展开这种颜色。

这 3 种调焦工具的选项条很相似,如图 2-38 所示是涂抹工具的工具属性选项条。

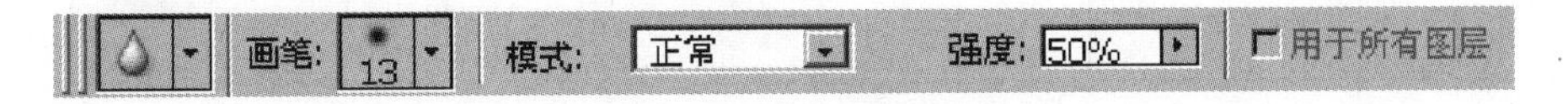


图 2-38 模糊工具属性窗口

13. 色彩微调工具

Photoshop CS3 的色彩微调工具包括减淡工具、加深工具和海绵工具三种。使用此组工具可以对图像的细节部分进行调整,可使图像的局部变亮、变深或色彩饱和度降低。如图 2-39 所示。

减淡工具可使图像的细节部分变亮,类似于给图像的某一部分淡化。

加深工具可使图像的细节部分变暗,类似于减淡工具的操作。在加深工具选项浮动窗口中可以分别设定暗调、中间调或高光来对图像的细节进行调节,另外也可以设定不同的曝光度,这些操作的设置和亮化工具的选项属性完全一样。

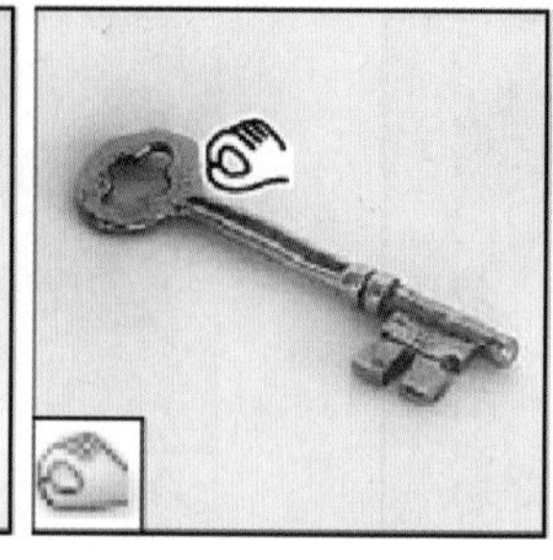
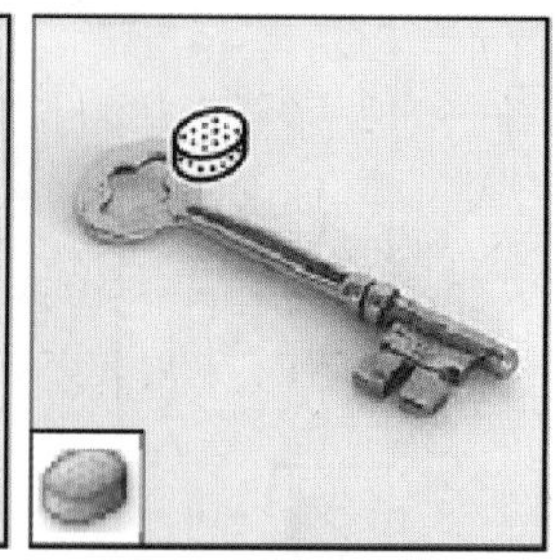

图 2-39 色彩微调工具(减淡工具、加深工具、海绵工具)

海绵工具用来增加或降低图像中某种颜色的饱和度。

14. 路径选择工具

路径选择工具组包括路径选择工具和直接选择工具，这两个选择工具均要结合路径面板一起使用，路径选择工具可建立显示锚点、方向线和方向点的形状或线段选区，如图 2-40。

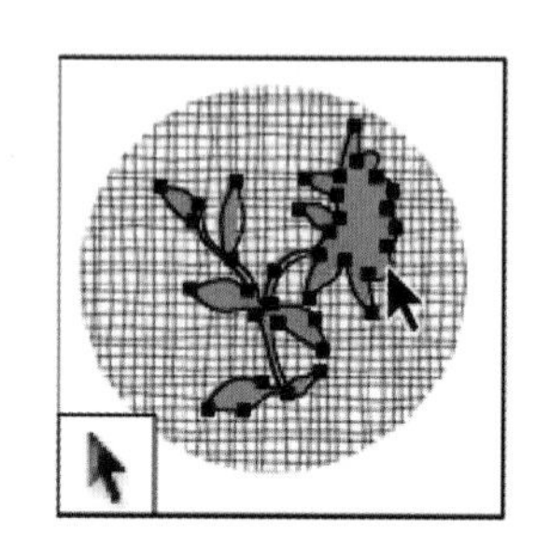

图 2-40 路径选择工具

15. 文字工具

文字工具组中主要包括横排文字工具、直排文字工具、横排蒙版文字工具和直排蒙版文字工具。文字工具可在图像上创建文字，如图 2-41 所示；文字蒙版工具可创建文字形状的选区，如图 2-42 所示。

16. 钢笔工具

钢笔工具包括：钢笔工具、自由钢笔工具、添加锚点工具、删除锚点工具、转换点工具，这组路径工具主要用来绘制路径或给图像中的物体描边。如图 2-43 所示。

图 2-41 文字工具

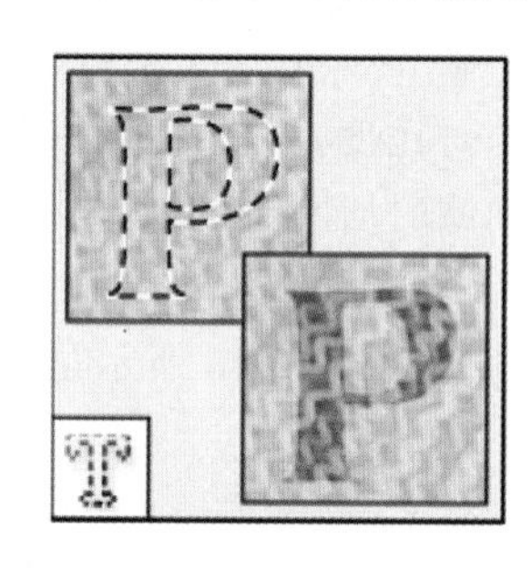

图 2-42 文字蒙版工具

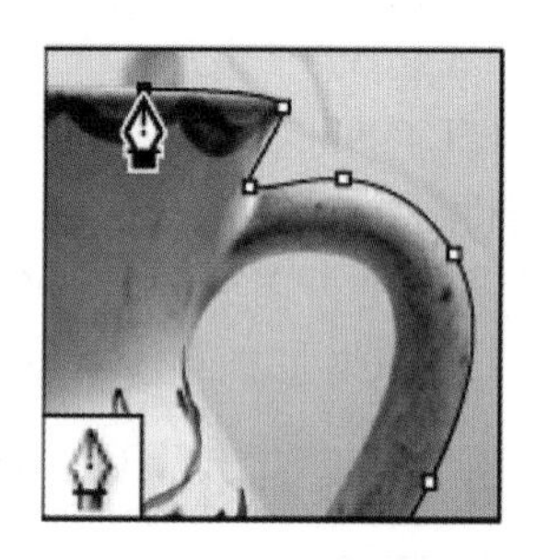

图 2-43 钢笔工具

17. 矢量图像工具组

矢量图像工具组包括：矩形工具、圆角矩形工具、椭圆工具、多边形工具、直线工具和自定形状工具。

(1)矩形工具

矩形工具可以在图像中快捷地画出一个矩形，并且可以控制矩形区域的形状和颜色。

(2)圆角矩形工具

圆角矩形工具和矩形工具的用法基本相同，都是用来在图像中画矩形，但是圆角矩形工具画出来的矩形不是直角的。使用圆角矩形工具的方法和矩形工具基本相同，都是按下鼠标然后拖动,在矩形圆角工具的选项浮动窗口中间有一个半径输入项,这个半径是指圆角的弧半径,其余的几项与矩形基本相同。

(3)椭圆工具

椭圆工具可以在图像中画入椭圆,它的用法和前面的矩形工具基本类似。在椭圆工具的“选项”对话框中,可以选择长短轴尺寸或长短轴的比例,或选择椭圆的中心点来确定椭圆的位置。

(4)多边形工具

多边形工具是画各种规则形状的多边形的,在该窗口里根据需要和效果选择适当的多边形边界形状,另外在多边形的选项浮动窗口中,中间有一个边数填充项,该项的意义是确定所要画的多边形的边数。

(5)直线工具

画线工具可以创建一条直线。其使用方法是选择画线工具后,在图像中单击鼠标确定此直线的起始点,然后拖动鼠标至合适的终点处再单击一下鼠标,即可创建一条以前景色为颜色的直线。如果在使用画线工具时按住 Shift 键,即可控制画线的方向,画出的线一定成水平、竖直或成 45°角。

(6)自定形状工具

自定形状工具可创建从自定形状列表中选择的自定形状。

从选项浮动窗口中可以看出,常见形状图形工具的选项浮动窗口和其他几种图形工具基本类似,如图 2-44 所示,中间的块是几种图形工具的快速切换工具。单击常见形状图形工具的选项对话框如图 2-45 所示。

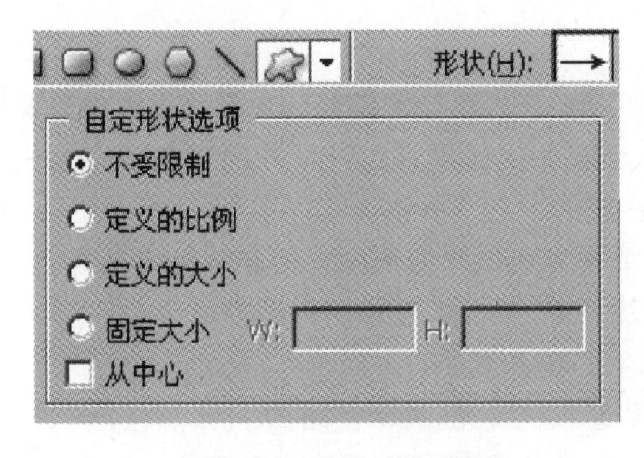


图 2-44 自定形状选项

图 2-45 常见形状

18.吸管工具

利用吸管工具在图像中取色样以改变工具箱中的前景色或背景色。用此工具在图像上单击,工具箱中的前景色就显示所选取的颜色,如图 2-46 所示。如果在按住 Alt 键的同时,用此工具在图像上单击,工具箱中的背景色就显示为所选取的颜色。

19.抓手工具

抓手工具是用来移动画面使能够看到滚动条以外图像区域的工具。抓手工具与移动工具的区别在于:它实际上并不移动像素或是以任何方式改变图像,而是将图像的某一区域移到屏幕显示区内。可双击抓手工具,将整幅图像完整地显示在屏幕上。如果在使用其他工具时想移动图像,可以按住 Ctrl+空格键,此时原来的工具图标会变为手掌图标,图像将会随着鼠标移动而移动。调出抓手工具选项浮动窗口。如图 2-47 所示。

20.缩放工具

缩放工具是用来放大或缩小画面的工具,这样就可以非常方便地对图像的细节加以修饰,如图 2-48 所示。如果选择工具箱中的缩放工具并在图像中单击鼠标,图像就会以单击点为中心放大两倍,最大可放至 16 倍。如果在单击时按着 Ctrl 键再单击,则图像会以 2、3、4、5、……、16 倍缩小。如果双击工具箱中的缩放工具,图像就会以 100%的比例显示。在放大镜工具选项浮动窗口中可选择“调整窗口大小以满屏显示”选项,这样当使用缩放工具时,图像窗口会随着图像的变化而变化。如果不选此项,则无论图像如何缩放,窗口的大小始终不变,除非用鼠标单击窗口右上角的调节框。

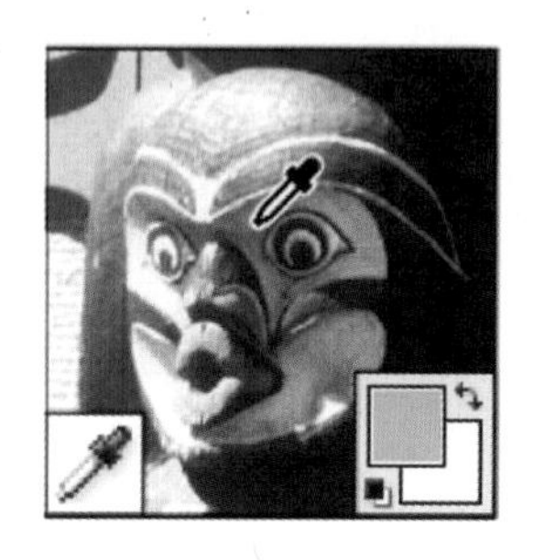

图 2-46　吸管工具

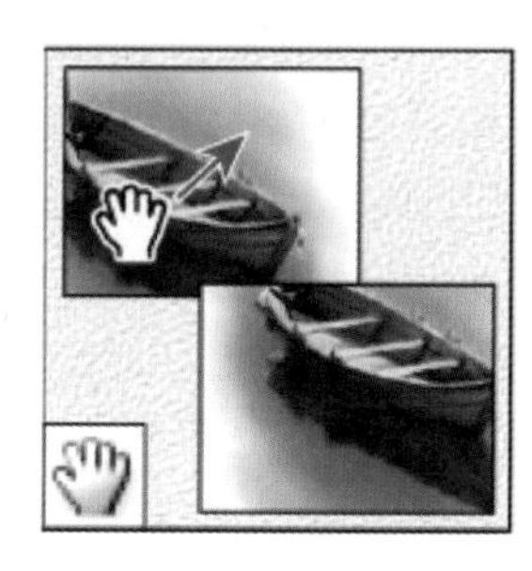

图 2-47　抓手工具

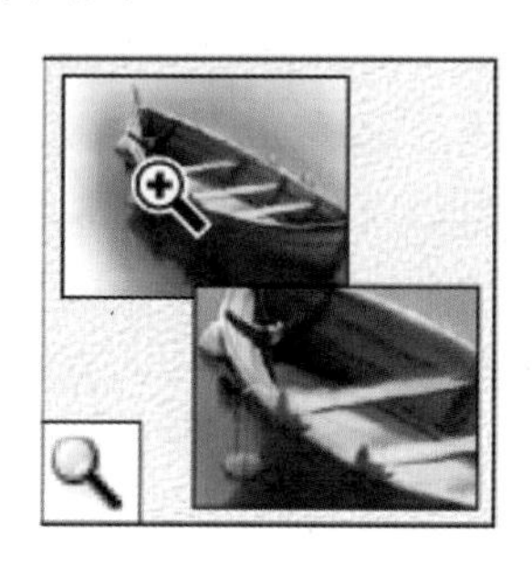

图 2-48　缩放工具

(五)图像色彩和色调调整

1.颜色的基本属性

(1)色相顾名思义即各类色彩的相貌,如大红、普蓝、柠檬黄等。色相是色彩的首要特征,是区别各种不同色彩的最准确的标准。事实上任何黑、白、灰以外的颜色都有色相的属性,而色相也就是由原色、间色和复色来构成的。

(2)饱和度又称为纯度(saturation),主要指彩色强度的浓度。饱和度为零是白色,而最大饱和度可能是最深的颜色。饱和度取决于该色中含色成分和消色成分(灰色)的比例。含色成分越大,饱和度越大;消色成分越大,饱和度小。

(3)亮度是指颜色的明暗程度,明度越高色彩越鲜亮,通常使用从 0%(黑色)至 100%(白色)的百分比来度量。黄色的亮度最高。纯度是指某一色彩的饱和程度,纯度低的色彩看上去比较脏。

2.调整图像的色彩和色调

(1)色阶

当图像偏亮或偏暗时,可以使用“色阶”对话框通过调整图像的阴影、中间调和高光的强度级别,从而校正图像的色调范围和颜色平衡,而且根据“色阶”对话框中提供的直方图,可以观察到有关色调和颜色在图中如何分配的相关信息。

如图 2-49 所示,在色阶对话框中,A 代表阴影,B 代表中间调,C 代表高光,D 代表应用自动颜色校正,E 代表打开“自动颜色校正选项”对话框。

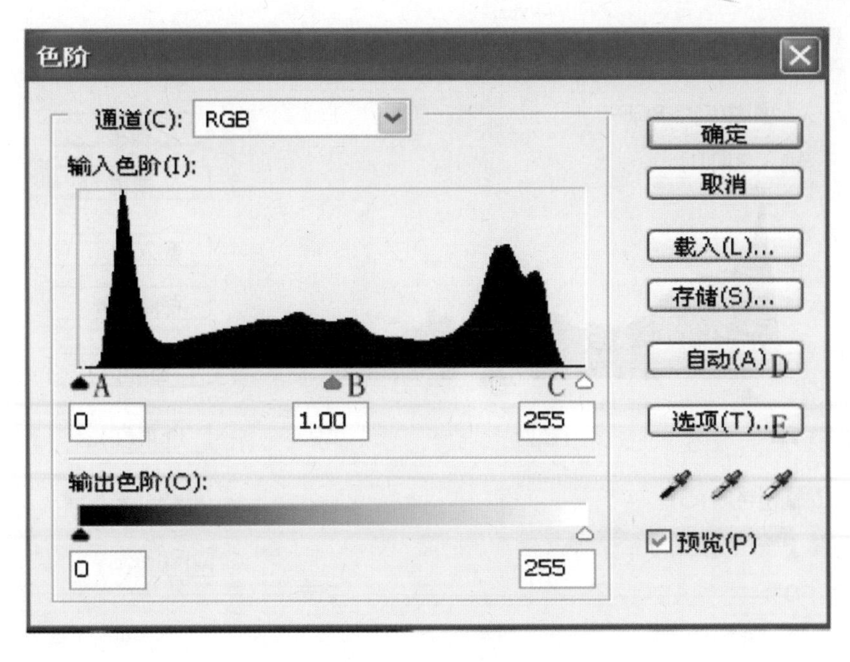


图 2-49　色阶对话框

下面的两个“输入色阶”滑块将黑场和白场映射到“输出色阶”滑块的设置。默认情况下,“输出色阶”滑块位于色阶 0(像素为全黑)和色阶 255(像素为全白)的位置。因此,在“输出色阶”滑块的默认位置,如果移动黑色输入滑块,则会将像素值映射为色阶 0,而移动白场滑块则会将像素值映射为色阶 255。其余的色阶将在色阶 0 和 255 之间重新分布。这种重新分布情况将会增大图像的色调范围,实际上增强了图像的整体对比度。

中间输入滑块用于调整图像中的灰度系数。它会移动中间调(色阶 128),并更改灰色调中间范围的强度值,但不会明显改变高光和阴影。如图 2-50 中图像偏暗,调整输入滑块的灰度系数(见图 2-52),调整后的图像如图 2-51 所示。

图 2-50　原图

图 2-51　调整后

(2)自动色阶

“自动色阶”命令的作用是自动调整图像的明暗度。其相当于在色阶命令中单击自动

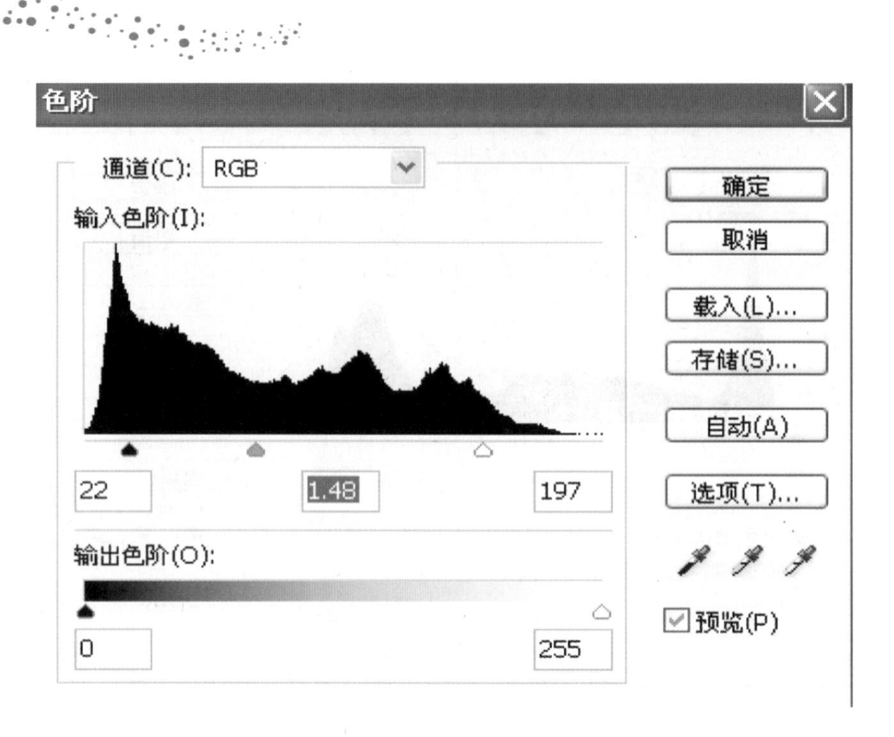


图 2-52 色阶对话框

按钮的功能。设置此命令的目的是使用户能够方便地对图像中不正常的高光或阴影区域进行初步处理,而不用在“色阶”对话框中进行操作。自动色阶改变图像亮度的百分比以最近使用色阶对话框时的设置为基准。“自动色阶”命令使用前后的图像明暗度对比见图 2-53 和图 2-54。

图 2-53 原图

图 2-54 使用自动色阶后

(3)自动对比度

“自动对比度”命令的作用是自动调整图像高光和暗部的对比度。它可以把图像中最暗的像素变成黑色,最亮的像素变成白色,从而使图像的对比更强烈。执行“自动对比度”命令后,系统会自动调整图像的对比度,但不会影响图像的颜色。如图 2-55、图 2-56 所示。

图 2-55　原图

图 2-56　使用自动对比度后

(4)自动颜色

“自动颜色”命令的作用是自动调整图像整体的颜色,如图像中的颜色过暗、饱和度过高等,都可以使用该命令进行调整。可以让系统自动地对图像进行颜色校正,它可以根据原来图像的特点,将图像的明暗对比度、亮度、色调和饱和度一起调整,同时兼顾各种颜色之间的协调一致,使图像更加圆润、丰满,色彩也更自然,能够快速纠正色偏和饱和度过高等问题。如图 2-57、图 2-58 所示。

图 2-57　原图

图 2-58　使用自动颜色后

(5)曲线

如图 2-59 所示,为曲线对话框,其中各目标的含义如下:

A. 通过添加点来调整曲线;

B. 使用铅笔绘制曲线;

C. 高光;

D. 中间调;

E. 阴影;

F. 黑场滑块和白场滑块;

G. 曲线显示选项;

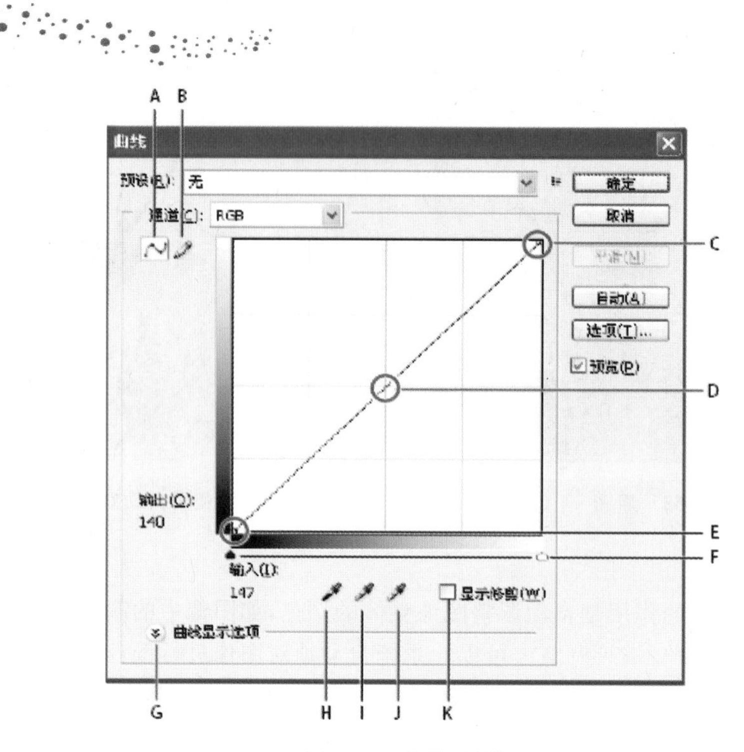


图 2-59　曲线对话框

H. 设置黑场；

I. 设置灰场；

J. 设置白场；

K. 显示修剪图形的水平轴表示输入色阶，垂直轴表示输出色阶。

曲线命令是使用非常广泛的色阶控制方式，其功能和色阶功能的原理是相同的。只不过与色阶相比，曲线命令可以做更多、更精密的设定。曲线命令除可以调整图像的亮度以外，还能调整图像的对比度和控制色彩等功能。该命令的功能实际上是由反相、亮度、对比度等多个命令组成的。因此，该命令功能较为强大，可以进行较有弹性的调整。如图 2-60，经过曲线调整(见图 2-62)，调整后的图像如图 2-61 所示。

图 2-60　原图

图 2-61　修改后

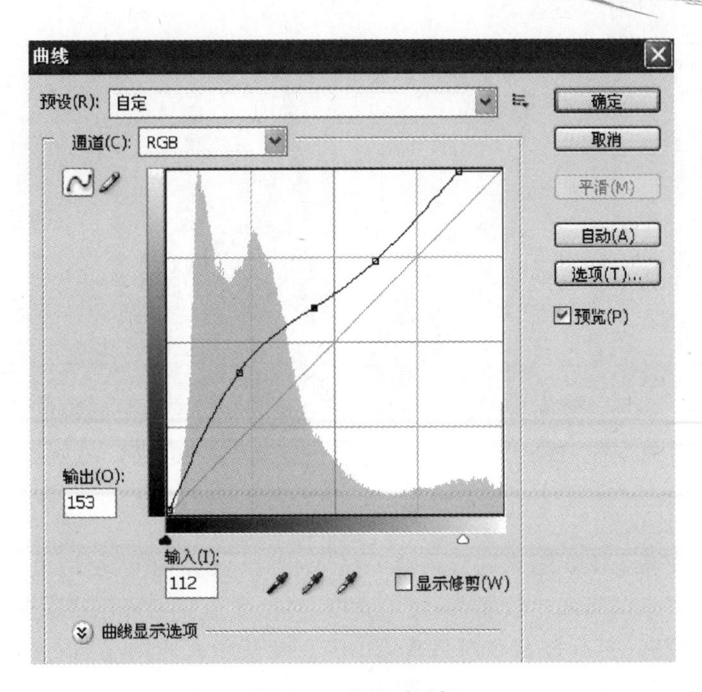


图 2-62　曲线对话框

(6)色彩平衡

在创作中,输入的图像经常会出现色偏,这时就需校正色彩,“色彩平衡”就是 Photoshop CS3 中进行色彩校正的一个重要工具,它可以改变图像中的颜色组成。使用“色彩平衡”命令可以更改图像的暗调、中间调和高光的总体颜色混合,它是靠调整某一个区域中互补色的多少来调整图像颜色,使图像的整体色彩趋向所需色调。

执行“图像”—“调整”—“色彩平衡”命令或按下 Ctrl+B 组合键,打开“色彩平衡”对话框,利用该对话框就可以控制调整色彩平衡,如图 2-63 所示。原图和色彩校正后的图形分别如图 2-64、图 2-65 所示。

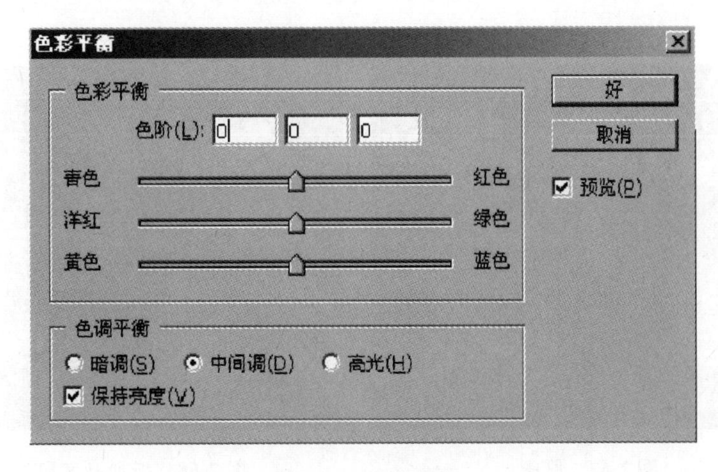


图 2-63　色彩平衡

图 2-64　原图

图 2-65　改变后

(7)亮度/对比度

亮度/对比度命令主要用来调节图像的亮度和对比度。虽然使用色阶和曲线命令都能实现此功能,但是用起来比较复杂;使用亮度/对比度命令则可以很简便、直接地完成亮度和对比度的调整。打开该命令对话框,如图 2-66 所示。原图见图 2-67,调整亮度对比度之后的效果见图 2-68。

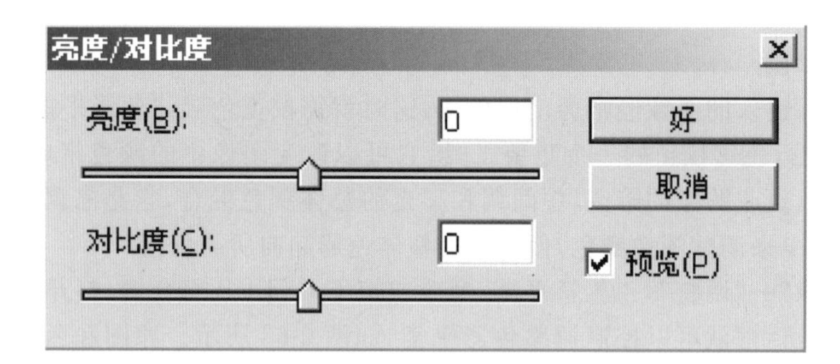


图 2-66　亮度对比度

图 2-67　原图

图 2-68　增加亮度和对比度后

(六)图层的应用

图层,也称层、图像层,是 Photoshop 中处理图像的关键,是实现绘制与合成的基础。图层上有图像的部分可以是透明或不透明的,而没有图像的部分一定是透明的。如果图层上没有任何图像,透过图层可以看到下面的可见图层。制作图片时,用户可以先在不同的图层上绘制不同的图形并编辑它们,最后将这些图层叠加在一起,就构成了想要的完整的图像。当对一个图层进行操作时,图像文档的其他图层将不受影响。

1. 图层面板

图层面板各按钮的作用如图 2-69 所示。

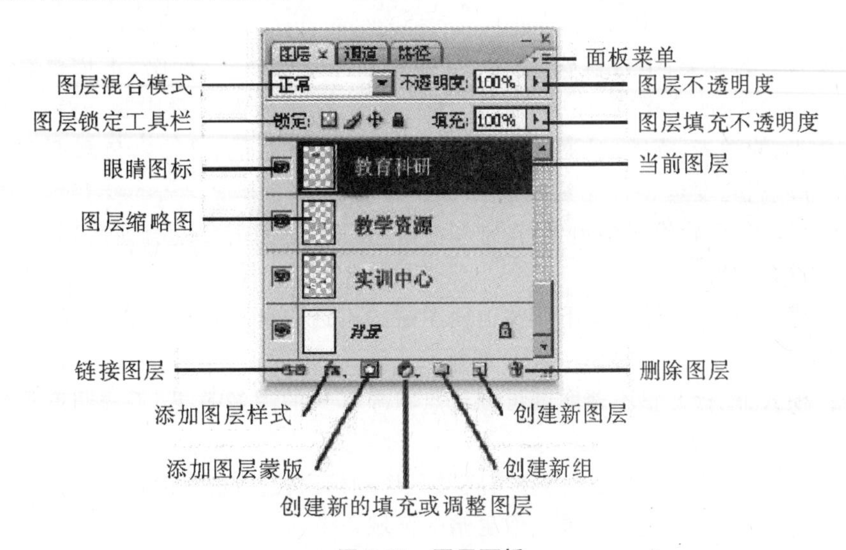


图 2-69　图层面板

2. 图层的基本操作

(1)移动和复制图层

①移动图层。移动图层实际上就是改变图层原有的排列顺序。

②复制图层。在实际的制作过程中经常会出现一个图层多次使用的现象。为了减少不必要的操作、提高效率,就需要对已经存在的图层进行复制操作。

(2)显示和隐藏图层

当一幅图像包含很多图层的时候,为了操作的方便,通常会将一些不经常使用的图层隐藏起来。隐藏图层的方法十分简单,直接在图层面板上点击“眼睛”图标即可。如果想要将已经隐藏了的图层显示出来,只需要在“眼睛”图标上再次单击,图层就显示出来了。

(3)链接合并图层

在图像处理过程中,链接合并图层不但可以避免大量的重复工作、提高效率,也可以缩小文件,方便合并后图像的编辑。

①链接图层。图层链接就是将一些相关的图层连到一起,从而将某些操作应用于具有链接关系的图层。执行链接图层的前提条件是具备多个被选中的图层。

②合并图层。图层的合并方式主要有“向下合并”、“合并可见图层”和“拼合图像”三种。

(4)对齐和链接图层

图像中包含多个图层时,可以对它们进行对齐排列操作。但首先要将图层链接起来,然后才可以按照需要将各个图层中的图像进行对齐排列。

3.图层的混合模式

混合模式是PS最强大的功能之一,它决定了当前图像中的像素如何与底层图像中的像素混合,使用混合模式可以轻松制作出许多特殊的效果,但是要真正掌握它却不是一件容易的事。

混合模式分为6类:组合模式(正常、溶解),加深混合模式(变暗、正片叠底、颜色加深、线性加深),减淡混合模式(变亮、滤色、颜色减淡、线性减淡),对比混合模式(叠加、柔光、强光、亮光、线性光、点光、实色混合),比较混合模式(差值、排除),色彩混合模式(色相、饱和度、颜色、亮度)。

(1)组合模式:组合模式中包含“正常和溶解”模式,它们需要配合使用不透明度才能产生一定的混合效果。

“正常”模式:在“正常”模式下调整上面图层的不透明度可以使当前图像与底层图像产生混合效果。

“溶解”模式:配合调整不透明度可创建点状喷雾式的图像效果,不透明度越低,像素点越分散。

(2)加深混合模式:可将当前图像与底层图像进行比较使底层图像变暗。

变暗模式:显示并处理比当前图像更暗的区域。

正片叠底:可以使当前图像中的白色完全消失,另外,除白色以外的其他区域都会使底层图像变暗。无论是图层间的混合还是在图层样式中,正片叠底都是最常用的一种混合模式。

颜色加深:可保留当前图像中的白色区域,并加强深色区域。

线性加深:线性加深模式与正片叠底模式的效果相似,但产生的对比效果更强烈,相当于正片叠底与颜色加深模式的组合。

(3)减淡混合模式:在PS中每一种加深模式都有一种完全相反的减淡模式相对应,减淡模式的特点是当前图像中的黑色将会消失,任何比黑色亮的区域都可能加亮底层图像。

变亮模式:比较并显示当前图像比下面图像亮的区域,变亮模式与变暗模式产生的效果相反。

滤色模式:可以使图像产生漂白的效果,滤色模式与正片叠底模式产生的效果相反。

颜色减淡模式:可加亮底层的图像,同时使颜色变得更加饱和,由于对暗部区域的改变有限,因而可以保持较好的对比度。

线性减淡模式:与滤色模式相似,但是可产生更加强烈的对比效果。

(4)对比混合模式:综合了加深和减淡模式的特点,在进行混合时50%的灰色会完全消失,任何亮于50%灰色的区域都可能加亮下面的图像,而暗于50%灰色的区域都可能使底层图像变暗,从而增加图像对比度。

叠加模式:在为底层图像添加颜色时,可保持底层图像的高光和暗调。

柔光模式:可产生比叠加模式或强光模式更为精细的效果。

强光模式:可增加图像的对比度,相当于正片叠底和滤色的组合。

亮光模式:混合后的颜色更为饱和,可使图像产生一种明快感,相当于颜色减淡和颜色加深的组合。

线性光:可使图像产生更高的对比度效果,从而使更多区域变为黑色和白色,相当于线性减淡和线性加深的组合。

点光:可根据混合色替换颜色,主要用于制作特效,相当于变亮与变暗模式的组合。

实色混合:可增加颜色的饱和度,使图像产生色调分离的效果。

(5)比较混合模式:可比较当前图像与底层图像,然后将相同的区域显示为黑色,不同的区域显示为灰度层次或彩色。

差值模式:当前图像中的白色区域会使图像产生反相的效果,而黑色区域则会越接近底层图像。

排除模式:排除模式可比差值模式产生更为柔和的效果。

(6)色彩混合模式:色彩的三要素是色相、饱和度和亮度,使用色彩混合模式合成图像时,PS 会将三要素中的一种或两种应用在图像中。

色相模式:适合于修改彩色图像的颜色,可将当前图像的基本颜色应用到底层图像中,并保持底层图像的亮度和饱和度。

饱和度模式:可使图像的某些区域变为黑白色,可将当前图像的饱和度应用到底层图像中,并保持底层图像的亮度和色相。

颜色模式:可将当前图像的色相和饱和度应用到底层图像中,并保持底层图像的亮度。

亮度模式:可将当前图像的亮度应用于底层图像中,并保持底层图像的色相与饱和度。

4.图层的样式

使用图层样式可以制作出各种特殊的效果,包括阴影、描边、发光等。选中某个图层,在图层面板的下部,单击“图层样式”按钮,选择“混合选项”,或者双击图层,打开“图层样式”对话框,如图 2-70 所示。

投影:在图层内容的后面添加阴影。

内阴影:紧靠在图层内容的边缘内添加阴影,使图层具有凹陷外观。

外发光和内发光:添加从图层内容的外边缘或内边缘发光的效果。

斜面和浮雕:对图层添加高光与阴影的各种组合。

光泽:应用创建光滑光泽的内部阴影。

颜色、渐变和图案叠加:用颜色、渐变或图案填充图层内容。

描边:使用颜色、渐变或图案在当前图层上描画对象的轮廓,对于硬边形状(如文字)特别有用。

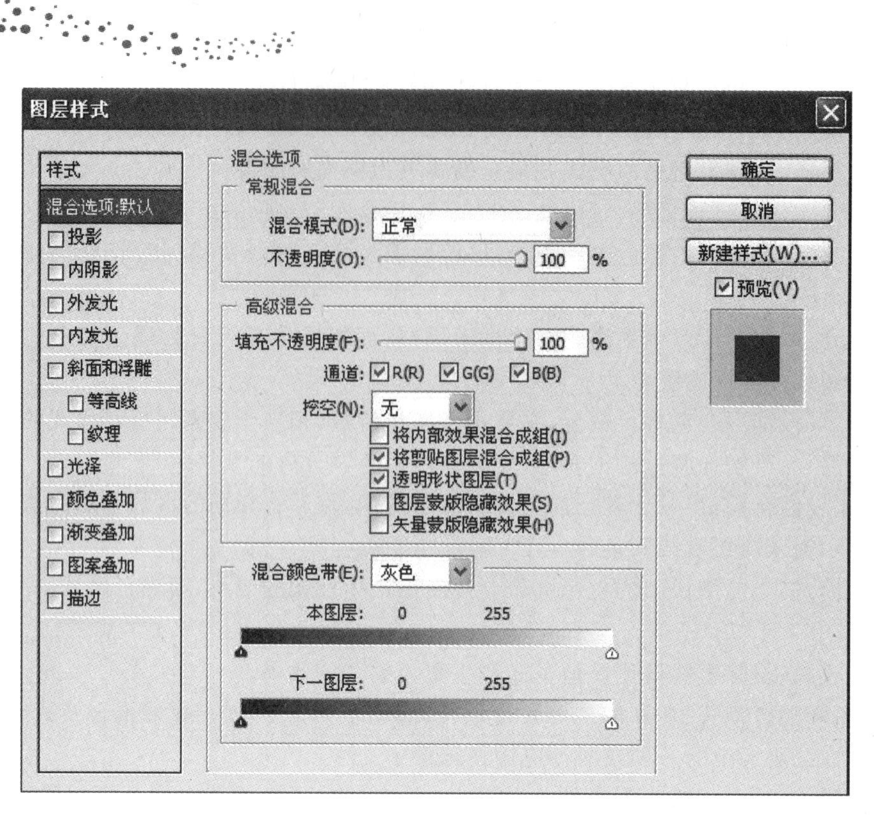


图 2-70　图层样式

（七）蒙版

图层蒙版是灰度图像，用黑色在蒙版上涂抹将隐藏当前图层内容，显示下面的图像；相反，用白色在蒙版上涂抹则会显露当前图层信息，遮住下面的图层。图层蒙版是直接对图层作用，具有灵活性，可以在不影响该图层的情况下做很多效果。如图 2-71 所示。

图 2-71　图层蒙版

（八）滤镜

滤镜主要是用来实现图像的各种特殊效果。它具有非常神奇的作用，如图 2-72、图 2-73 所示。因此 Photoshop 将其都按分类放置在菜单中，使用时只需要从该菜单中执行命令即可。滤镜的操作是非常简单的,但是真正用起来却很难恰到好处。滤镜通常需要同通道、图层等联合使用,才能取得最佳艺术效果。如果想在最适当的时候应用滤镜到最适当的位置,除了平常的美术功底之外,还需要用户对滤镜的熟悉和操控能力,甚至需要具有很丰富的想象力。

图 2-72　原图

图 2-73　使用塑料效果滤镜后

1. 滤镜的使用规则

(1)图像上有选区,Photoshop 针对选区进行滤镜处理;没有选区,则对当前图层或通道起作用。局部图像应用滤镜时,可羽化选区,使处理的区域能自然地与相邻部分融合,减少突兀的感觉。

(2)滤镜的处理效果是以像素为单位的,应用滤镜的对话框上,没有注明度量单位的,均是“像素”。

(3)滤镜的处理效果与图像分辨率有关。因而,用相同参数处理不同分辨率的图像,其效果会有不同。

(4)在位图和索引模式图像中不能应用滤镜。此外,在 CMYK 和 Lab 模式下,部分滤镜组不能使用。例如,“画笔描边”、“素描”、“纹理”和“艺术效果”等。

(5)使用滤镜时要仔细选择,以免因为变化幅度过大而失去滤镜的风格,使用滤镜还应根据艺术创作的需要,有选择地进行。

2. 滤镜的使用技巧

(1)可以对单独的某一图层使用滤镜,然后通过色彩合成图像。

(2)可以对单一的颜色通道或者 Alpha 通道执行滤镜,然后合成图像,或者将 Alpha 通道中的滤镜效果应用到主画面中。

(3)执行“滤镜”命令以后,单击“编辑”—“渐隐”命令,可打开“渐隐”对话框。在该对话框上,可以调整应用滤镜后图像的“不透明度”及与原图像的“(混合)模式”等。

3. 滤镜库

选择“滤镜”—“滤镜库”命令,出现“滤镜库”对话框。

使用滤镜库的优点在于,用户可以对当前操作的图像应用多个相同或不同的滤镜命令,并将这些滤镜命令得到的效果叠加起来,以得到更加丰富的效果。

4.特殊功能滤镜

(1)消失点滤镜

使用该命令可以在保持图像透视角度不变的情况下，对图像进行复制、修复及变换等操作。

(2)液化滤镜

此滤镜命令用于使图像产生变形效果。

(3)图案生成器滤镜

此滤镜提取图像的某一区域，可创建相应的图像。

5.常用滤镜

(1)扭曲

波纹：能够产生锯齿状的波纹，用于生成池塘波纹和旋转效果。

玻璃：使图像看起来好像隔着一层磨砂玻璃一样的效果。

海洋波纹：可为图像表面增加随机间隔的波纹，创建类似通过晃动的海水看水中影像的效果。

波浪：可给图像或选区创建起伏不平的效果。

极坐标：可以改变图像的坐标类型。

挤压：可挤压图像，得到凸起及凹陷的效果。

置换：可以用一张 psd 格式的图像作为位移图，使当前操作的图像根据位移图的形状产生弯曲，以得到特殊的效果。

扩散亮光：可以散射图像上的高光，生成一种发光效果。

切变：使用“切变”滤镜可根据对话框中的曲线来弯曲图像。

球面化：可以将图像球面化，得到凸起或凹陷的效果。

水波：可以生成波纹效果，如同水面泛起的涟漪。

旋转扭曲：能够以图像的中心为基点，使图像产生涡旋效果。

(2)像素化

彩块化：可以将图像的像素扩大，形成块状的彩色像素，用来表现单一、平坦的效果。

彩色半调：可以在图像的每个通道中产生扩大圆形网点的效果。

点状化：能够将图像中的颜色分散为随机分布的网点，网点之间的区域使用“背景色”填充，从而表现出以点描画的效果。

晶格化：可以将图像中的像素结块为纯色的多边形，从而得到晶体片状的图像效果。

马赛克：可以将像素制作成为正方形的块状效果。应用了该滤镜的部分，图像会按一定的大小分裂开，从而产生模糊的效果。

碎片：用来表现好像照相时相机晃动的效果。

铜版雕刻：可以将图像转换为黑白区域的随机图案。

(3)杂色

“杂色”滤镜组中的滤镜，可以用来添加或去除杂色，这样有助于将选区混合到周围的像素中，可以创建与众不同的纹理或移动图像中有问题的区域，如灰尘和划痕。

添加杂色：将随机像素应用于图像，可用于减少羽化选区或渐进填充中的带宽，或使经过重大修饰的区域看起来更真实。

去斑:可以查找图像中颜色变化最大的范围,模糊除过渡边缘以外的一切东西,该滤镜可以在保持图像细节的前提下过滤掉杂点。

蒙尘与划痕:可以查找出图像中的瑕疵,然后使其融入周围的图像中。

中间值:可在选区内混合像素的亮度来减少杂色。

(4)模糊

“模糊效果”滤镜组中的滤镜可以平衡图像中已定义线条和遮蔽区域的清晰边缘旁边的像素,可以柔化选区或图像,使图像的过渡显得非常柔和。

模糊:可以创建轻微模糊效果,一般用于减小对比度或消除颜色过渡中的杂点。

高斯模糊:可以获得轻微柔化图像边缘的效果,也可以获得完全模糊图像甚至无细节的效果。

动感模糊:可模拟拍摄运动物体产生运动效果。

径向模糊:可以产生旋转模糊或从中心向外辐射的模糊效果,类似于镜头聚集效果。

特殊模糊:可以精确地模糊图像。

(5)渲染

使用“渲染”滤镜组中的滤镜,可创建 3D 形状、云彩图案、折射图案和光照效果。

云彩:可将前景色和背景色之间变化的随机像素值转换为柔和的云彩图案。如果想要得到逼真的云彩效果,需要将前景色和背景色设置为想要的云彩颜色与天空颜色。

分层云彩:可以将图像反相并使其与云彩背景融合,其中云彩是由前景色和背景色随机混合产生的。

纤维:可以使图像产生纵向的光纤状背景。

镜头光晕:可以创建太阳光所产生的光晕效果,也可以用于模拟其他灯具所发射出的耀眼光晕效果。

光照效果:提供了 17 种光照样式、3 种光照类型和 4 套光照属性,通过不同的设置,用户可以在 RGB 图像上产生无数种光照效果。

(6)画笔描边

强化的边缘:可强化图像边缘的显示。

成角的线条:可用成角的线条重新绘制图像,在图像中较亮的区域用一个方向的线条绘制,较暗的区域用相反方向的线条绘制。

阴影线:可以模拟铅笔阴影线添加纹理和粗糙化图像,同时彩色区域的边缘保留原图像的细节和特征。

深色线条:可以创建用短、密线条绘制图像中与黑色接近的深色区域,用长、白线条绘制图像中浅色区域的效果。

墨水轮廓:可以使用精细的线条描绘图像。

喷溅:可以创建图像像素随意洒出的效果。

喷色描边:可以使用所选图像的主色,并用成角度的、喷溅的颜色线条来描绘图像,所以得到的图像效果与“喷溅”滤镜的效果十分相似。

烟灰墨:可以创建用饱含黑色墨水的湿画笔在宣纸上绘制的效果。

(7)素描

基底凸现:可以模拟光线的投影效果,使图像具有浮雕效果。该滤镜以前景色重绘原有图像的明亮区域,以背景色重绘原有图像的阴暗区域。

粉笔和炭笔:可以创建类似炭笔素描的效果。粉笔绘制图像背景,炭笔线条勾画暗区。粉笔绘制区应用背景色,炭笔绘制区应用前景色。

炭笔:可以重绘图像以创建海报或涂抹效果,图像主要边缘用粗线绘制,中间调用对角线条素描。炭笔以前景色作图,纸张被设定为“背景色”。

铬黄:可以将图像模拟为擦亮的镀铬效果,其中图像的高色调被转换为反射表面的高点,暗色调被转换为低点。

炭精笔:可以将图像改变为由深红色或白色粉笔绘制的素描图像。该滤镜将前景色用于较暗区域,将背景色用于较亮区域。

绘图笔:可以得到由细线状的油墨描绘图像的效果,多用于对扫描图像进行描边。该滤镜用前景色作为绘画的油墨,背景色作为画纸来替换原图像中的颜色。

半调图案:可以在保持连续的色调范围的同时,模拟半色调网点图效果。

便条纸:可得到手工制作的纸制图像效果。

影印:“影印”滤镜处理的图像,在暗色调区域只表现边缘,而在中间色调以纯黑色或纯白色进行填充,所创建的图像前景色填充暗色、背景色填充亮色。

塑料效果:可以创建用立体石膏压模的效果,用前景色填充图像暗色调部分,用背景色填充亮色调部分。

网状:可以模仿胶片感光乳剂的受控收缩和扭曲,以使图像的暗调区出现结块、亮光区出现被轻微颗粒化的效果。所创建的图像由前景色填充原图像暗色调部分,用背景色填充亮色调部分。

图章:可以简化图像,使其有用橡皮或木制图章盖印的效果。所创建的图像由前景色填充原图像暗色调部分,用背景色填充亮色调部分。

撕边:可以重新组织图像,使之呈粗糙、撕破的纸片状,然后使用前景色和背景色为图像上色,其中,用前景色填充原图像暗色调部分,用背景色填充亮色调部分。

水彩画纸:可以创建在纤维纸上绘图所得的图像效果,由于水彩渗透至纸中,因此得到的图像呈现明显的纤维化效果。

(8)纹理

龟裂缝:可模仿在粗糙石膏表面绘画的效果,图像上形成许多纹理,创建浮雕效果。

颗粒:通过模拟不同种类的颗粒,如常规、软和、喷洒、结块、强反差、扩大、点刻、水平、垂直和斑点等,将纹理添加到图像。

马赛克拼贴:可将图像分割成若干形状各异的小块,拼贴缝用灰度颜色填充,使图像看起来像马赛克拼图。

拼缀图:可将图像分解为用图像主色填充的正方形。它随机减小或增大拼贴的深度,以模拟高光和阴影。

染色玻璃:可将图像重新绘制为用前景色勾勒的单色的相邻单元格。

纹理化:将选择的纹理应用于图像,并采用选定的纹理代替影像表面纹理。

(9)艺术效果

彩色铅笔:可以创造彩色铅笔在纯色背景上绘制图像的效果。

木刻:可将图像描绘成好像是由粗糙剪下的彩色纸片组成的效果。高对比度的图像看起来呈剪影状,而彩色图像看上去是由几层彩纸组成的。

干画笔:可以绘制图像边缘,它通过将图像的颜色范围减少为常用的颜色范围来简化图像。

胶片颗粒:可以在图像的暗色调和中间色调间使用均匀的图案,将一种更平滑、饱和度更高的图案添加到图像的高亮区。

壁画:可以表现出好像在新粉刷的墙壁上绘制水彩画一样的效果。

霓虹灯光:可以对图像中的对象添加不同颜色的发光效果,并使用前景色填充图像的整体基调。

绘画涂抹:可以创建用某种画笔锐化图像的效果。

调色刀:可以减少图像中的细节,以产生清晰的画布效果,并显示出图像下层的纹理。

塑料包装:可以使图像外面有包裹一层塑料的效果。

海报边缘:通过减少图像的颜色数目并在边缘部分添加黑色来表现海报的效果。

粗糙蜡笔:可以创建具有彩色粉笔纹理的图案效果。

涂抹棒:可以柔和图像的暗部区域,增强图像的亮部区域。

海绵:可以创建对比颜色的强纹理图像,有湿润渗透图像的效果。

底纹效果:可以制作纹理背景的效果。

水彩:可以制作水彩风格的图像。

(10)风格化

扩散:可以创建分离模糊的效果,使图像外层好像覆盖有磨砂玻璃。

浮雕效果:可以勾画图像的边界并将周围转换为灰色,从而创建选区凸起或凹陷的效果。

凸出:可以将图像转换为具有突出效果的三维纹理。

查找边缘:可以用显著的颜色标志图像的区域,并强化边缘过渡像素,从而使图像轮廓有铅笔勾画的效果。

照亮边缘:可标志颜色的边界,其效果与“查找边缘”滤镜相似,不同之处在于,该滤镜可控制一些参数。

曝光过度:可以生成图像正片和负片相混合的效果。

拼贴:可以将图像拆散为许多小贴块,且使选区偏移原来的位置。

等高线:可以围绕边缘勾画出对比明显的区域。该滤镜生成的线条比“查找边缘”滤镜所创建的线条细,并允许用户指定过滤区域的色阶。

风:可以在图像的轮廓上生成一些细小的水平线,从而使图像具有类似于风吹的效果。

(11)锐化

图像锐化就是补偿图像的轮廓,增强图像的边缘及灰度跳变的部分,使图像变得清晰。使用“锐化”滤镜组中的滤镜,可以通过增加相邻像素的对比度,使聚集模糊的图像,得到一定程度的清晰化。

# 行　动

利用 Photoshop CS3 工具为福建省国际电子商务中心制作一张首页效果图，根据网站规划中的页面版式设计，我们选用了大部分公司所选用的分割式，上面是公司的 logo 图、导航栏、站内搜索，中间是大幅的 banner 图，下面是功能模块及广告，最下方是联系方式、地址和导航条。为了便于了解，先来看福建省国际电子商务中心网站首页的最终效果图，如图 2-74 所示。

图 2-74　福建省国际电子商务中心首页效果图

## 第一步：设计福建省国际电子商务中心首页效果图

（一）新建画布

在文件菜单下选择新建，在宽度和高度中分别输入 980 像素和 720 像素。如图 2-75 所示。

（二）导航条的设计

1. 新建图层

在图层的上方使用圆角矩形工具，画一个高为 79 像素，宽为 940 像素的路径，然后将路径作为选择区载入，如图 2-76 所示，再使用菜单“编辑”—“描边”，如图 2-77 所示。

2. 填充选区

保留选区，打开渐变工具，使用线性渐变工具填充选区，如图 2-78 所示。其中色标的设置，从左到右 RGB 分别是(240,240,240)，(247,247,247)，(251,251,251)，(255,255,

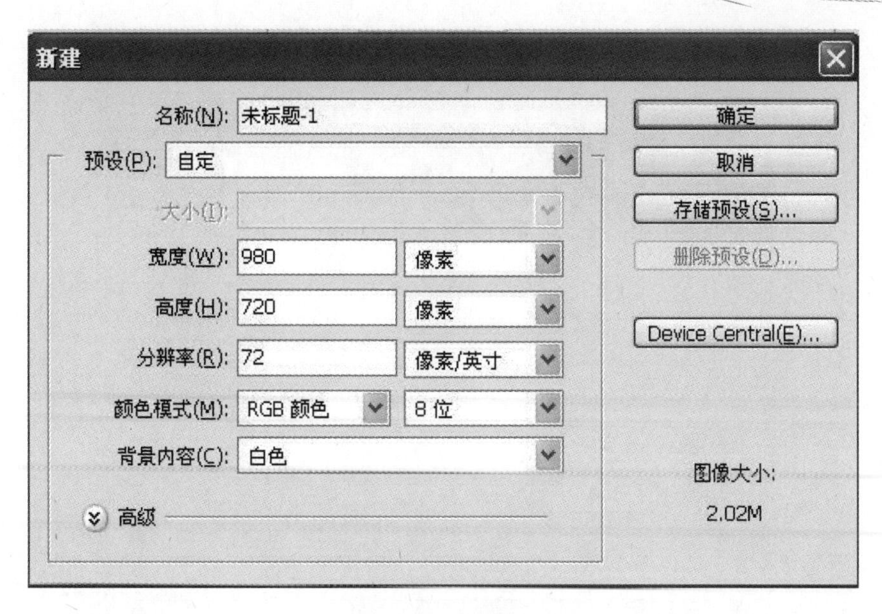


图 2-75 新建画布

图 2-76 路径

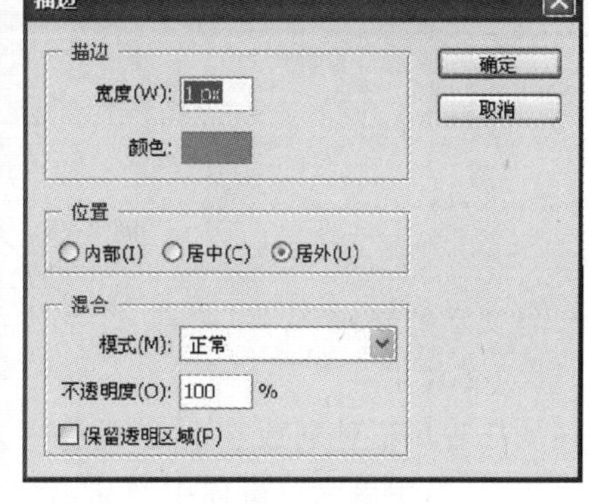


图 2-77 描边

255)。设置完成后,拖动鼠标对选择区由下而上填充,使得最后插入导航目录的地方呈浅灰色。

3. 插入 logo 图

该网站的 logo 直接使用公司原有的标志图。为了使标志图能更好地和网页背景相融,在使用之前需要先做一些处理。

打开公司标志图,由于原标志图的背景是白色的,所以可以使用魔棒工具选择白色背景,选择时要将容差值设得小一点,这样可以选择得细一点。然后使用反选,就可以得到要选的图标,如图 2-79 所示。使用移动工具将所选图标移到之前新建的页面画布上,将会自动建立一个新的图层。将新图层改名为“logo”,使用菜单“编辑”—“变换”—“缩放”,调整图形的大小为 85×79 像素,并移动将其放在左上角的位置。

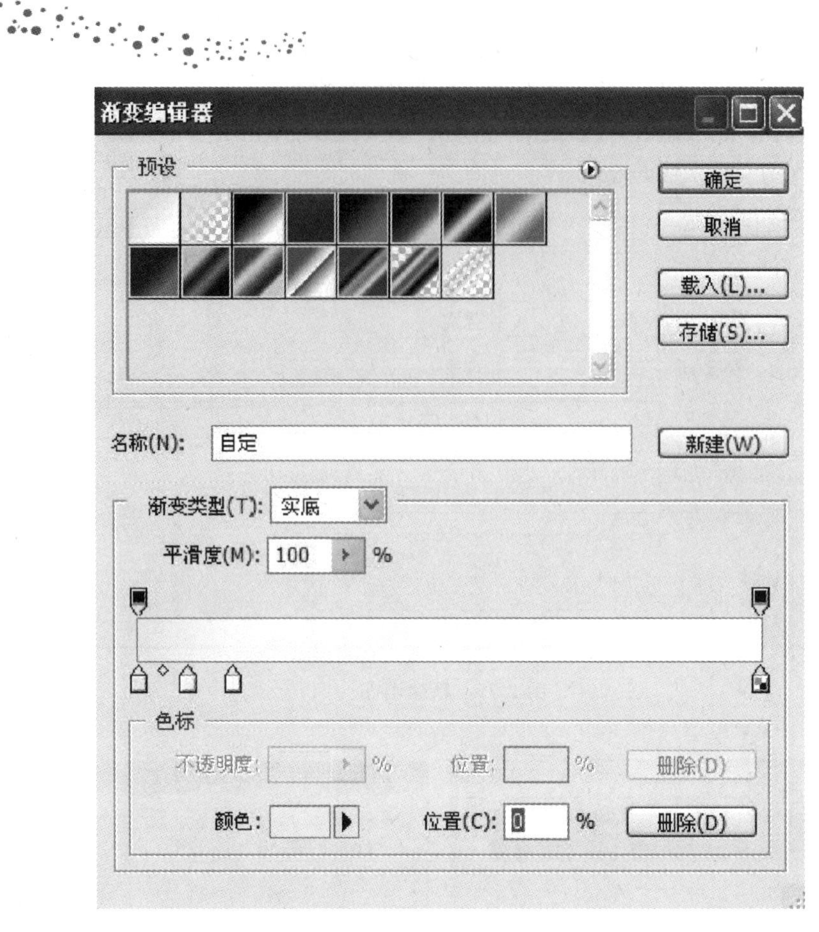


图 2-78　渐变编辑器

4.广告文字的制作

(1)输入文本

公司的广告用语计划放在 logo 的旁边,在工具箱里选择横排文字工具 T,用鼠标在窗体中拖动,就会形成一个文字输入框,同时自动生成一个新的图层,在输入框里输入“专业提供企业”。可以通过文字的工具属性窗口对字体进行设置,如图 2-80 所示。

图 2-79　图标选区

图 2-80　文字工具属性窗口

这里选择华文行楷字体,设置字体的大小为 12 点,点击“颜色设置”,打开文本颜色窗口选择色彩,如图 2-81 所示。将选用 logo 的色彩作为广告字的色彩,可以移动鼠标到 logo 图上,会发现鼠标变成了吸管工具,用吸管工具点击要选择的颜色,并点击“确定”即可。

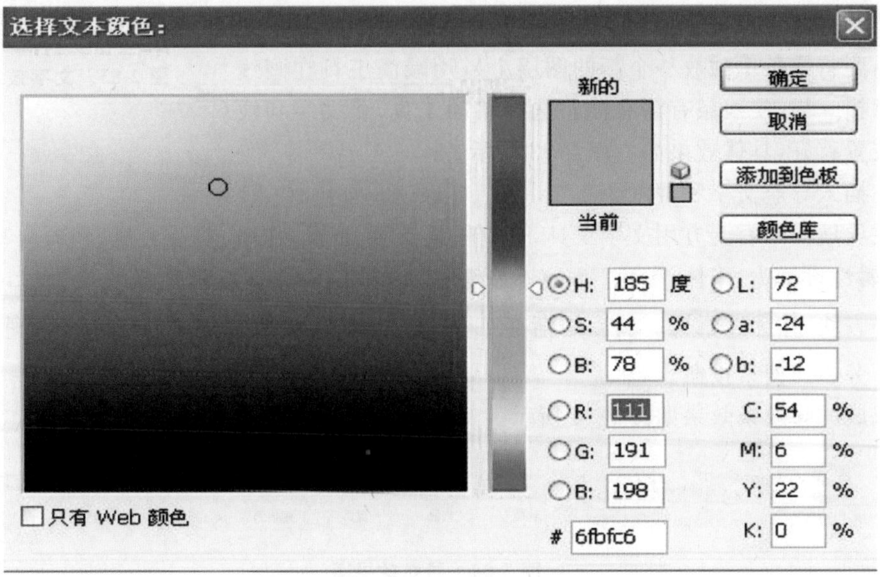

图 2-81　颜色设计窗口

(2)设置文字效果

点击文字属性窗口的图标,打开字符段落调板,设置字体的字间距、垂直及水平方向的比例,具体参数如图 2-82 所示。

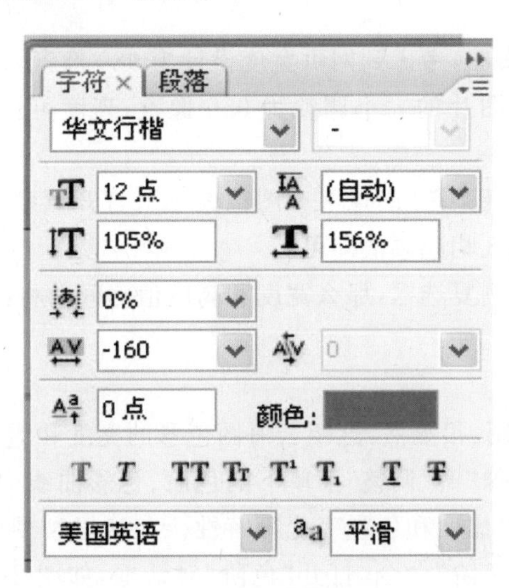


图 2-82　字符调板

(3)旋转文字

打开菜单“编辑”—“变换”—“旋转”,旋转角度设为−6.7。

设计置完后用同样的办法再生成一个文字图层，输入“电子商务解决方案”。为了体现手写的效果，可以用文字变形工具对文字进行一点变形，并用画笔在广告字的下方画一条线(注意：要将线条单独放一个新的图层上)，用减淡工具在画线上随意描一描，使线条有深有浅。选择移动工具，将文字和线条的位置移好，具体效果如右图 2-83 所示。

**图 2-83　文字效果图**

5. 插入导航文字和搜索条

在导航图的右上方用文字工具，分别输入首页、产品、服务、解决方案、经验分享、关于我们，属性设置为：宋体、黑色、15 点。新建一个图层，再选择矩形选择框，在窗口中选择一个小方块，作为搜索框。然后用渐变工具 在选择框里填充颜色。可以用同样的办法制作旁边的搜索按钮。

完成的导航条效果如图 2-84 所示。

**图 2-84　导航效果图**

(三)制作 banner 图

首页的 banner 将以 Flash 动画的形式出现，其中包括三幅图像，分别加载公司服务外贸电子商务、培训认证及公司的技术支持等相关的广告信息。下面以云海图为例制作一幅首页 banner 图。

1. 调整图像的大小

打开资料图中的云海图，考虑到网页宽度设计为 980 像素，在网页两边要留有一定的空白区，因此可以考虑将图片的大小调整为 950 像素，高度可设为显示屏高度的三分之一，约 275 像素。

具体操作如下：先选择菜单“图像”—“图像大小”，打开调整图像大小窗口，如图 2-85 所示，在输入框中直接输入相应数值即可。

注意：如选择约束比例复选框，那么宽度和高度值之间的将约束比例；取消选择，将断开它们之间的关联。

2. 调整图像的色彩

如图 2-86 为云海原图，很显然，这幅云海图色彩的亮度和饱和度都不够，需要调整图像的色彩。可以利用“图像”—“调整”菜单下的色阶、色彩曲线、色彩平衡、亮度和对比度等，来调整图像的层次、对比度和色彩变化等特性。在这里利用色阶对其色彩进行调整，执行“图像”—“调整”—“色阶”命令，打开“色阶”对话框，如图 2-87 所示。该命令可以通过图像的暗调、中间调和高光等强度级别来校正图像的色调范围，并可调整色彩平衡和明暗度，可以对整幅图像进行，也可以对图像某一选取范围、某一图层或者某一个颜色通道进行。

调整后的图像如图 2-88 所示，与之前的图对比，可以看到，原图的亮度不够，通过移

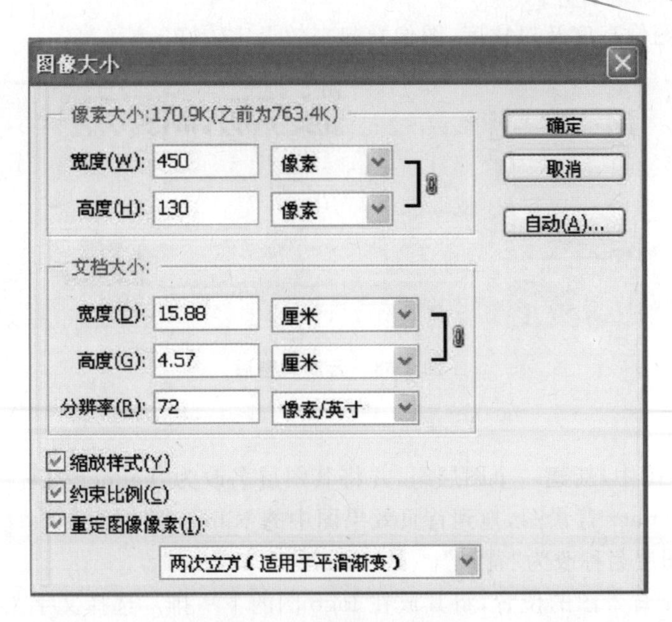


图 2-85 图像大小窗口

图 2-86 云海原图

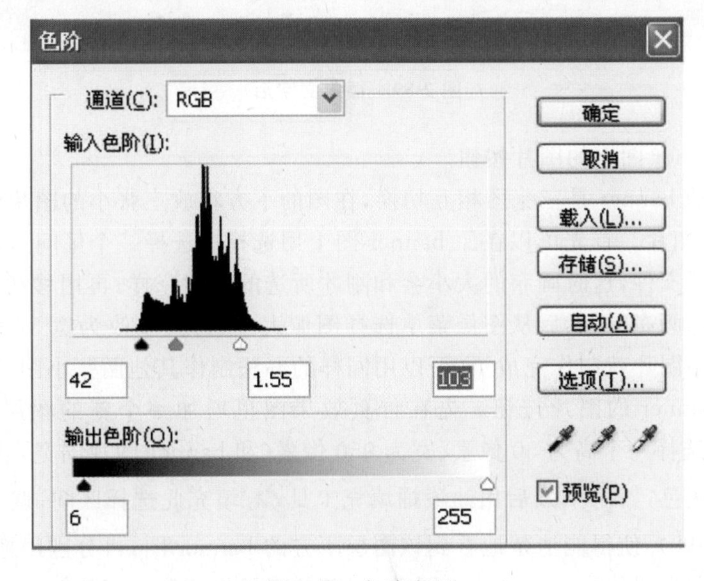


图 2-87 色阶窗口

动滑块，调整了图像亮度及对比度，图像看起来效果比较好。

图 2-88　云海调整后

3. 插入文字

在首页效果图中，新建一个图层组，并将其图层名改为“banner 图”。使用移动工具，将已处理好的 banner 背景图，拖到首页效果图中的 banner 图层组中，系统会自动生成一个新图层 1，将图层名称改为“背景”。

调整 banner 背景图的位置，将其放在 logo 图的下一排。选择文字工具，在三个不同的图层分别输入“福建省国际电子商务中心”，字体为长城大标宋体，字体大小为 32 点，加粗，黑色；“依托高技术，推广电子商务，促进信息化”，宋体，字体大小设置为 16 点，加粗，红色；“了解更多”，宋体，字体大小设置为 15 点，黑色。最后效果如图 2-89 所示。

图 2-89　插入文字后

4. 制作 banner 图上的图片按钮

由于网站的 banner 是三张图相互切换，在图的下方将放三张小的图片缩影。

(1)制作小图片。首先可以在原 banner 图上用选择框选择一个区间，复制选择区；然后新建一个图形文件，这时画布的大小会和刚才所选的区间一样；再用移动工具将原所选的图像拖到新的画布中，然后从图像菜单选择图像大小，将大小改为宽 57 像素、高 39 像素。这样一张小图片就制作完成了，可以用同样的办法制作其他两张小图片。

(2)制作 banner 的图片按钮。先在首页效果图里增加一个新的图层，用选择框在 banner 图下方选择一个高为 50 像素、宽为 950 像素(和 banner 图片同宽)的选择区，将前景色设置为深灰色，如；然后用油漆桶填充工具填充此选择区间，调整该图层的不透明度(如图 2-90)，使得能清楚地看到该图层下方的 banner 图；再分别用拖动的方式，将前面已准备好的小图片拖到首页效果图中，用移动工具将其调整好位置。

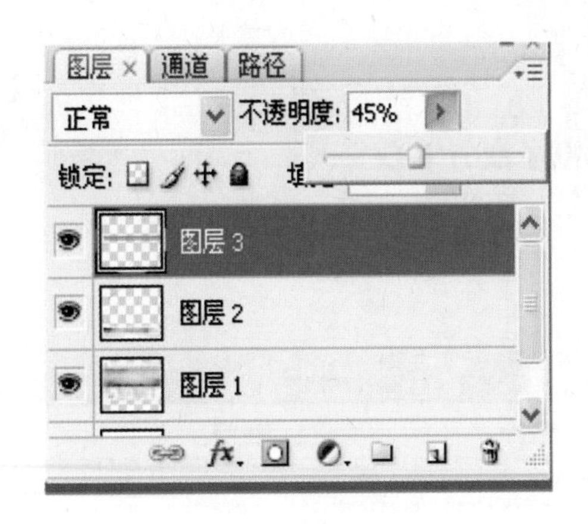


图 2-90　图层面板

(3)用文字工具在小图边添加说明的文字,则首页 banner 效果图就制作好了,效果如图 2-91 所示。

图 2-91　banner 效果图

(四)添加其他内容

首先可以添加目录,字体属性设置为宋体、15 点、黑色加粗。下面的内容字体属性设置为宋体、12 点、黑色。

接着在目录的下方加一条长的横线,横线的颜色使用蓝色,其前部分(长度略大于目录长度)颜色明显,后部分颜色模糊。这里使用画笔和 Shift 组合来画横线,注意要将前后横线放在两个不同的新图层上,可设置画笔的直径为 3px,画前段横线时,可将其透明度设为 100%;画后段横线时,可将透明度设为 10%,使其变得模糊,从而突出了前一部分。如图 2-92 所示。

图 2-92　画笔属性窗口

在首页的左下角部分申明该网站的版权所有及公司的地址,在右下角部分插入本站的下导航栏和站外链接。在它的上方将放两个广告位及联系方式。

最后完成效果如图 2-93 所示。

图 2-93　首页效果图

## 第二步：切割首页图

首页制作好了，下面要利用 Photoshop 中的切片工具，将首页图按功能块切割成块，这时会发现每一个切割区域都会带上一个数字标签，如图 2-94 所示。

图 2-94　首页切割图

接着选择切片选取工具，单击“切片”，即可对切片大小进行调整。单击鼠标右键打开快捷菜单，选择“编辑切片”选项，打开“切片选项”窗口，如图 2-95 所示。

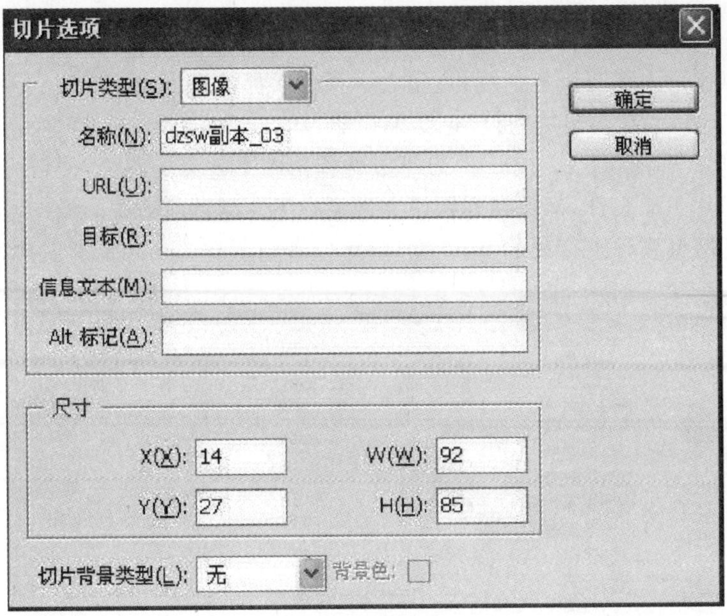

切片选项
切片类型(S): 图像
确定
取消
名称(N): dzsw副本_03
URL(U):
目标(R):
信息文本(M):
Alt 标记(A):
尺寸
X(X): 14
W(W): 92
Y(Y): 27
H(H): 85
切片背景类型(L): 无
背景色:

图 2-95　切片选项

这里可以选择切片类型，对在网页中要保留的图片，选择图像类型；对在网页中将不再保留的图片，无图像类型。如图片中的导航栏、新闻动态、经验分享等文字，在网页中将不使用图片，而是直接使用文字输入，这样可以提高网页打开的速度，同时也便于编辑。另外首页中的 banner 图，在网页中以 Flash 动画的形式出现，这里也可以设为无图像类型。

在定义切片名称时，注意不要使用中文，以免保存时出现错误信息。切片调整好后，选择“文件(file)”—“存储为 web 所用格式(save for web)”，切片视图如图 2-96 所示。可以单击上方的视图标签，选择、切换二或四视图或其他优化格式视图。然后单击左边工具

福建省国际电子商务中心
首页
产品
服务
解决方案
经验分享
关于我们
新闻动态
经验分享
存储
取消
完成

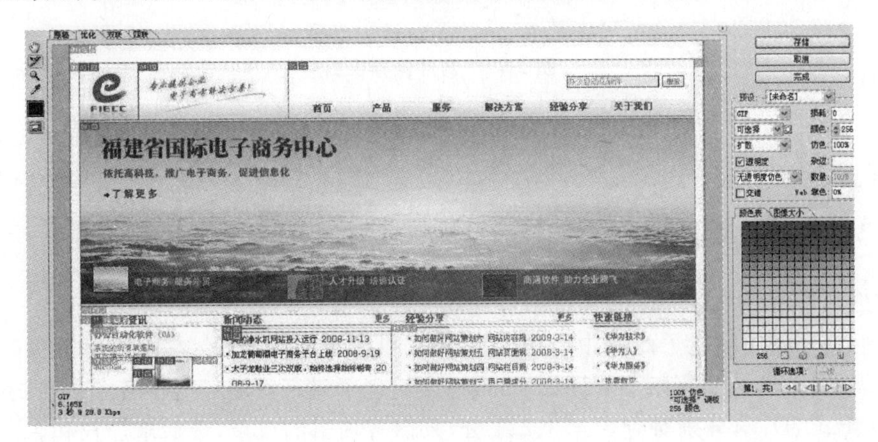

图 2-96　切片视图

条中的“切片选择工具”，在任一选定的切割的视图中点击切片，此时选中的切片变色，表示已经选中。设置最终输出的每个切片是以什么类型的文件保存，文件类型通常为gif或jpg。

每进行一次设置，输出的文件大小都会改变，可以在视图下方看到文件大小的信息。切片视图可以按个人需要反复切割，直到大小和效果都满意为止。

如图2-97所示，在弹出的“将优化结果存储为(save optimized as)”对话框中“保存类型”选择“HTML和图像(*.html)”，最下方选择网站文件夹的路径，便可将包括html文件和对应的切片图形文件，都保存到网站文件夹中了。默认状态下，切片存放在image文件夹里。打开网页文件中存放的html文件，可以看到所有的切片都被安放好了。

图2-97 切片保存窗口

# 评 价

讨论和评价各小组完成的项目首页效果图。

我们将请省国际电子商务中心的兼职教师和我们共同讨论、点评各组首页效果图。各小组展示作品，并填写以下的评价表，最后交给老师进行评级。表中各个项目的评价等级为：A、B、C、D、E，分别对应5、4、3、2、1分，乘以各项目的权重，最后求加权和。

表 2-1 首页效果图评价表

| 评价项目（权重） | 具体指标 | 学生自评等级 | 老师评价等级 |
| --- | --- | --- | --- |
| 网页图片（25%） | 网站图片引用是否合理,大小是否恰当,商品图片是否有足够文字的说明 | | |
| 网页文字（25%） | 文字是否清晰可读,大小是否合适,风格是否一致 | | |
| 网页信息（25%） | 信息所存放的位置是否合理 | | |
| 网站导航和功能（25%） | 导航是否突出、完善 | | |

# 知识拓展

## 一、关于蒙版和 Alpha 通道

当选择某个图像的部分区域时,未选中区域将“被蒙版”或受保护以避免被编辑。因此,创建了蒙版后,当要改变图像某个区域的颜色,或者要对该区域应用滤镜或其他效果时,可以隔离并保护图像的其余部分,也可以在进行复杂的图像编辑时使用蒙版,比如将颜色或滤镜效果逐渐应用于图像。

蒙版存储在 Alpha 通道中。蒙版和通道都是灰度图像,因此可以使用绘画工具、编辑工具和滤镜对它们进行编辑。在蒙版上用黑色绘制的区域将会受到保护,而蒙版上用白色绘制的区域是可编辑区域。如图 2-98 所示。

使用快速蒙版模式可将选区转换为临时蒙版以便更轻松地进行编辑。快速蒙版作为带有可调整的不透明度的颜色叠加出现,可以使用任何绘画工具编辑或使用滤镜修改。退出快速蒙版模式之后,蒙版将转换为图像上的一个选区。

要更加长久地存储一个选区,可以将该选区存储为 Alpha 通道。Alpha 通道将选区存储为“通道”调板中的可编辑灰度蒙版,如图 2-99 所示。一旦将某个选区存储为 Alpha 通道,就可以随时重新载入该选区或将该选区载入到其他图像中。

(一)关于蒙版的操作

1. 创建临时快速蒙版

要使用“快速蒙版”模式,可以先从选区开始,然后给它添加或删减选区,以建立蒙版;也可以完全在“快速蒙版”模式下创建蒙版。受保护区域和未受保护区域以不同颜色进行区分。当离开“快速蒙版”模式时,未受保护区域成为选区。

注:当在“快速蒙版”模式中工作时,“通道”调板中出现一个临时快速蒙版通道。但是,所有的蒙版编辑都是在图像窗口中完成。

(1)使用任一选区工具,选择要更改的图像部分。

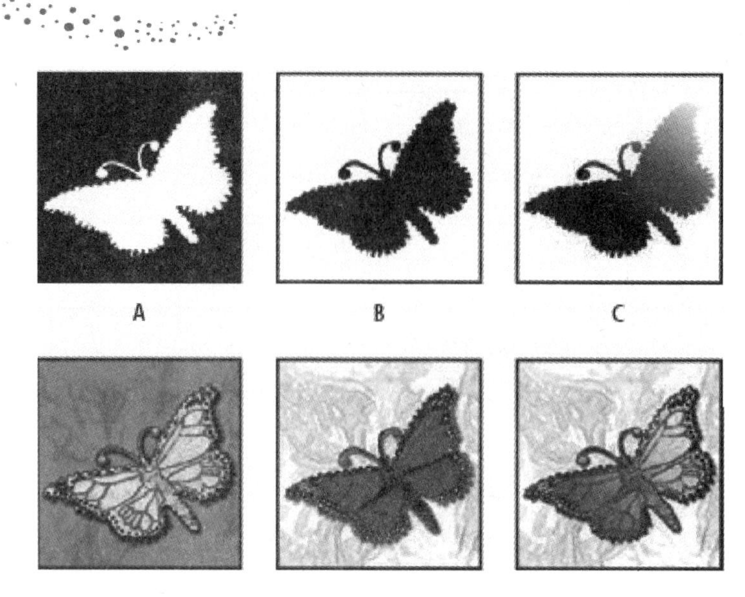


图 2-98　蒙版示例

注：A. 用于保护背景并编辑“蝴蝶”的不透明蒙版
B. 用于保护“蝴蝶”并为背景着色的不透明蒙版
C. 用于为背景和部分“蝴蝶”着色的半透明蒙版

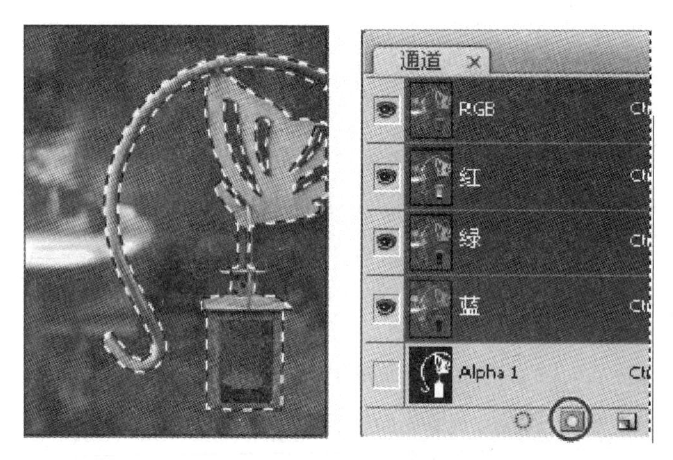


图 2-99　存储为“通道”调板中的 Alpha 通道的选区

注：可以使用图层蒙版来遮盖或隐藏图层的某些部分。

(2)单击工具箱中的“快速蒙版”模式按钮 。颜色叠加(类似于红片)覆盖并保护选区外的区域，选中的区域不受该蒙版的保护。默认情况下，“快速蒙版”模式会用红色、50%不透明的叠加为受保护区域着色。如图 2-100 所示。

(3)编辑蒙版。从工具箱中选择绘画工具，工具箱中的色板自动变成黑白色。

如图 2-101 所示，用白色绘制可在图像中选择更多的区域(颜色叠加会从用白色绘制的区域中移去)；要取消选择区域，则用黑色绘制(颜色叠加会覆盖用黑色绘制的区域)；用灰色或其他颜色绘画可创建半透明区域，这对羽化或消除锯齿效果有用。当退出“快速蒙

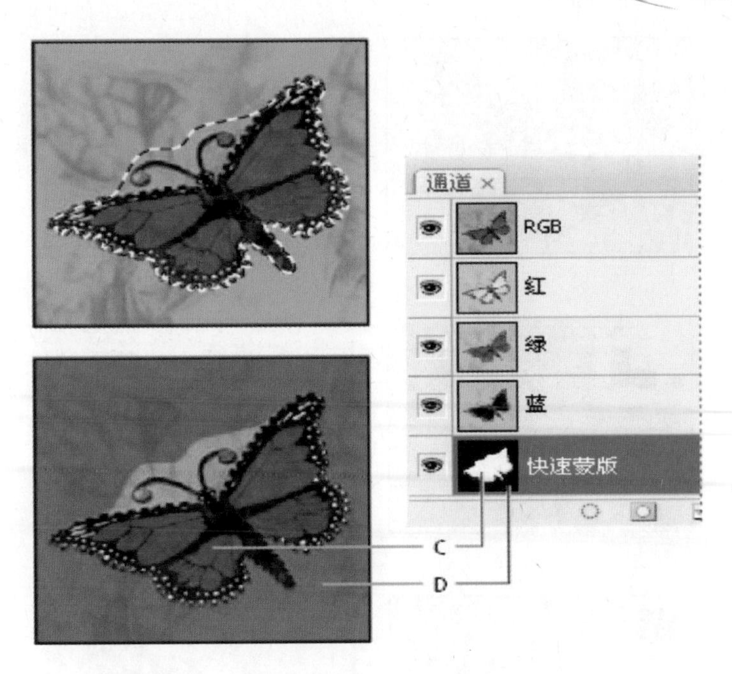


**图 2-100　在"标准"模式和"快速蒙版"模式下选择**

注:A."标准"模式

B."快速蒙版"模式

C. 选中的像素在通道缩略图中显示为白色

D. 宝石红色叠加保护选区外的区域,未选中的像素在通道缩略图中显示为黑色

版"模式时,半透明区域可能不会显示为选定状态,但它们的确处于选定状态。

(4)单击工具箱中的"标准模式"按钮,关闭快速蒙版并返回原始图像。选区边界现在包围快速蒙版的未保护区域。

如果羽化的蒙版被转换为选区,则边界线正好位于蒙版渐变的黑白像素之间。选区边界指明选定程度小于 50%和大于 50%的像素之间的过渡效果。

将所需更改应用到图像中,更改只影响选中区域。选取"选择"—"取消选择"以取消选择选区,或选取"选择"—"存储选区"以存储选区。

通过切换到标准模式并选取"选择"—"存储选区"可将此临时蒙版转换为永久性 Alpha 通道。

2. 更改快速蒙版选项

在工具箱中双击"快速蒙版模式"按钮。

从下列显示选项中选取:

(1)被蒙版区域

将被蒙版区域设置为黑色(不透明),并将所选区域设置为白色(透明)。用黑色绘画可扩大被蒙版区域,用白色绘画可扩大选中区域。选定此选项后,工具箱中的"快速蒙版"按钮将变为一个带有灰色背景的白圆圈。

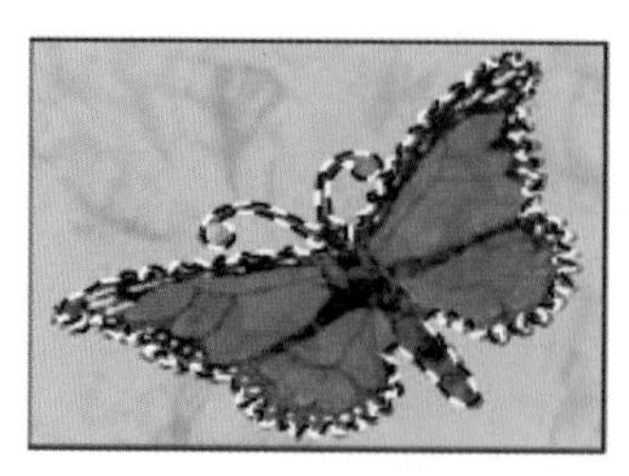

A

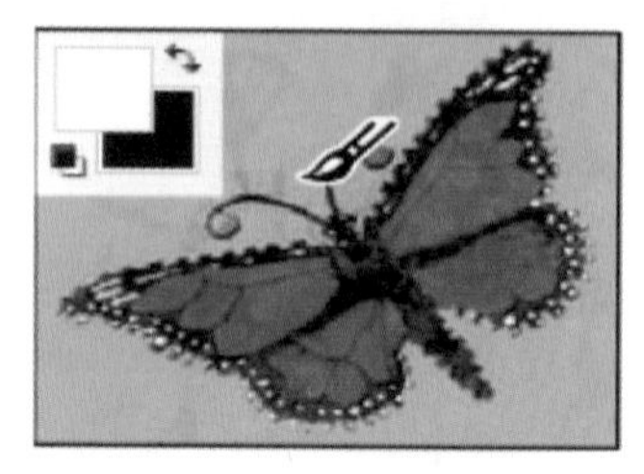

B

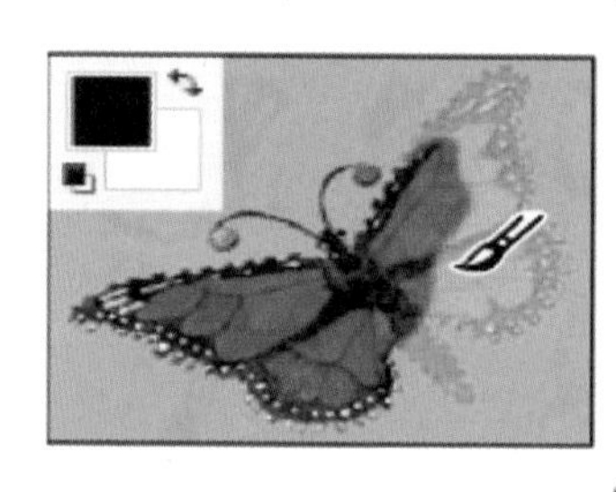
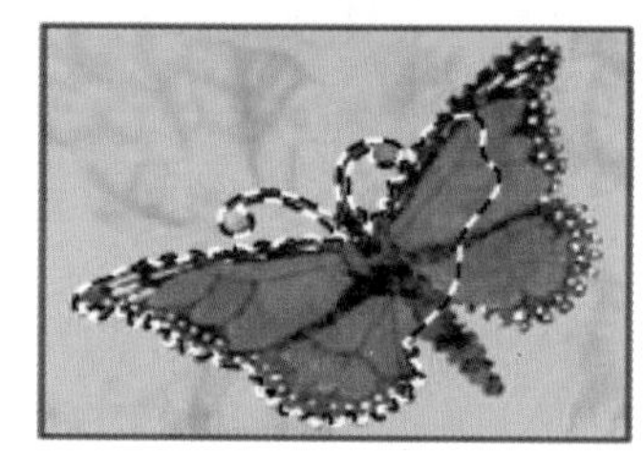

C

**图 2-101　在“快速模式”下绘制**

注：A. 原来的选区和将绿色选作蒙版颜色的“快速蒙版”模式

B. 在“快速蒙版”模式下用白色绘制可添加到选区

C. 在“快速蒙版”模式下用黑色绘制可从选区中减去

(2)所选区域

将被蒙版区域设置为白色(透明)，并将所选区域设置为黑色(不透明)。用白色绘画可扩大被蒙版区域，用黑色绘画可扩大选中区域。选定此选项后，工具箱中的“快速蒙版”按钮将变为一个带有白色背景的灰圆圈。

要在快速蒙版的“被蒙版区域”和“所选区域”选项之间切换，请按住 Alt 键(Windows)或 Option 键(MacOS)，并单击“快速蒙版模式”按钮。

要选取新的蒙版颜色，单击颜色框并选取新颜色。

要更改不透明度，输入介于 0%和 100%之间的值。

颜色和不透明度设置都只是影响蒙版的外观，对如何保护蒙版下面的区域没有影响。更改这些设置能使蒙版与图像中的颜色对比更加鲜明，从而具有更好的可见性。

(二)关于通道

通道是存储不同类型信息的灰度图像：

· 颜色信息通道是在打开新图像时自动创建的。图像的颜色模式决定了所创建的颜色通道的数目。例如,RGB 图像的每种颜色(红色、绿色和蓝色)都有一个通道,并且还有一个用于编辑图像的复合通道。

· Alpha 通道将选区存储为灰度图像。可以添加 Alpha 通道来创建和存储蒙版,这些蒙版用于处理或保护图像的某些部分。

专色通道指定用于专色油墨印刷的附加印版。

一个图像最多可有 56 个通道。所有的新通道都具有与原图像相同的尺寸和像素数目。

通道所需的文件大小由通道中的像素信息决定,某些文件格式(包括 TIFF 和 Photoshop 格式)将压缩通道信息并且可以节约空间。当从弹出菜单中选择"文档大小"时,未压缩文件的大小(包括 Alpha 通道和图层)显示在窗口底部状态栏的最右边。

注:只要以支持图像颜色模式的格式存储文件,即会保留颜色通道。只有当以 Photoshop、PDF、PICT、Pixar、TIFF、PSB 或 Raw 格式存储文件时,才会保留 Alpha 通道,DCS 2.0 格式只保留专色通道。以其他格式存储文件可能会导致通道信息丢失。

1. 通道调板概述

"通道"调板列出图像中的所有通道,对于 RGB、CMYK 和 Lab 图像,将最先列出复合通道。通道内容的缩览图显示在通道名称的左侧,在编辑通道时会自动更新缩览图。

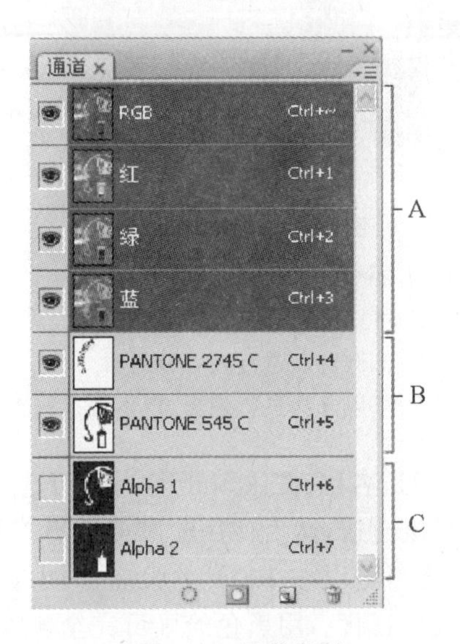


**图 2-102 通道类型**

注:A. 颜色通道 B. 专色通道 C. Alpha 通道

2. 用相应的颜色显示颜色通道

各个通道以灰度显示。在 RGB、CMYK 或 Lab 图像中,可以看到用原色显示的各个通道(在 Lab 图像中,只有 a 和 b 通道是用原色显示)。如果有多个通道处于现用状态,则这些通道始终用原色显示。

可以更改默认设置,以便用原色显示各个颜色通道。当通道在图像中可见时,在调板中该通道的左侧将出现一个眼睛图标。

执行下列操作之一：

(1)在 Windows 中，选择“编辑”—“首选项”—“界面”。

(2)在 Mac OS 中，选择“Photoshop”—“首选项”—“界面”。

(3)选择“用原色显示通道”，然后单击“确定”。

3. 选择和编辑通道

可以在“通道”调板中选择一个或多个通道，将突出显示所有选中或现用的通道的名称。

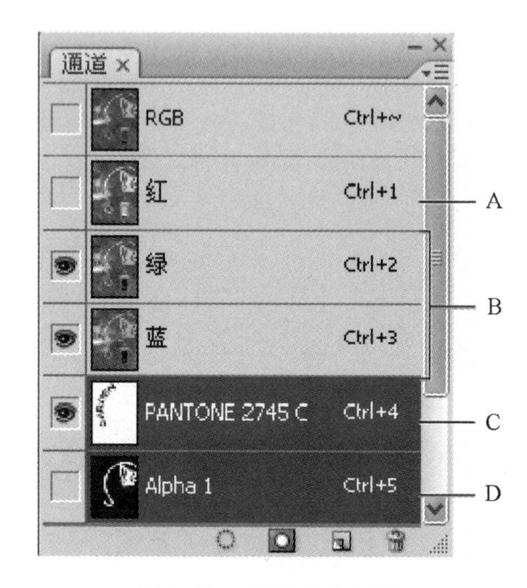


**图 2-103 选择多个通道**

注：A. 不可见或不可编辑的

B. 可见但未选定以进行编辑

C. 已选定以进行查看和编辑

D. 可以选择进行编辑，但不能进行查看

要选择一个通道，则单击通道名称；按住 Shift 键单击可选择(或取消选择)多个通道。

要编辑某个通道，先选择该通道，然后使用绘画或编辑工具在图像中绘画。一次只能在一个通道上绘画。用白色绘画可以按 100%的强度添加选中通道的颜色，用灰色值绘画可以按较低的强度添加通道的颜色，用黑色绘画可完全删除通道的颜色。

4. 重新排列和重命名 Alpha 通道和专色通道

仅当图像处于多通道模式时，才可将 Alpha 通道或专色通道移到默认颜色通道的上面。

要更改 Alpha 通道或专色通道的顺序，可在“通道”调板中向上或向下拖动通道。当在需要的位置上出现一条线条时，释放鼠标按钮。

注：专色按照在“通道”调板中显示的顺序从上到下压印。

要重命名 Alpha 通道或专色通道，则在“通道”调板中双击该通道的名称，然后输入新名称。

5. 复制通道

如果要在图像之间复制 Alpha 通道,则通道必须具有相同的像素尺寸,不能将通道复制到位图模式的图像中。

(1)使用"复制"命令复制通道

在"通道"调板中,选择要复制的通道,从"通道"调板菜单中选取"复制通道",键入复制的通道的名称。

对于"文档",执行下列任一操作:

①选取一个目标。只有与当前图像具有相同像素尺寸的打开的图像才可用。要在同一文件中复制通道,则选择通道的当前文件。

②选取"新建"将通道复制到新图像中,这样将创建一个包含单个通道的多通道图像。键入新图像的名称。

若要反转复制的通道中选中并蒙版的区域,则选择"反相"。

(2)通过拖放操作复制通道

在"通道"调板中,选择要复制的通道。

将该通道拖动到调板底部的"创建新通道"按钮上。

6. 复制另一个图像中的通道

在"通道"调板中,选择要复制的通道,目标图像不必与所复制的通道具有相同的像素尺寸。

确保目标图像已打开,执行下列操作之一:

(1)将该通道从"通道"调板拖动到目标图像窗口,复制的通道即会出现在"通道"调板的底部。

(2)选取"选择"—"全部",然后选取"编辑"—"拷贝"。在目标图像中选择通道,并选取"编辑"—"粘贴",所粘贴的通道将覆盖现有通道。

7. 将通道分离为单独的图像

分离通道只能分离拼合图像的通道。当需要在不能保留通道的文件格式中保留单个通道信息时,分离通道非常有用。

要将通道分离为单独的图像,可从"通道"调板菜单中选取"分离通道"。原文件被关闭,单个通道出现在单独的灰度图像窗口。新窗口中的标题栏显示原文件名以及通道,可以分别存储和编辑新图像。

8. 合并通道

合并通道可以将多个灰度图像合并为一个图像的通道。要合并的图像必须处于灰度模式,并且已被拼合(没有图层)且具有相同的像素尺寸,而且还要处于打开状态。已打开的灰度图像的数量决定了合并通道时可用的颜色模式。例如,如果打开了三个图像,可以将它们合并为一个 RGB 图像;如果打开了四个图像,则可以将它们合并为一个 CMYK 图像。

注:如果遇到意外丢失了链接的 DCS 文件(并因此无法打开、放置或打印该文件),则打开通道文件并将它们合并成 CMYK 图像,然后将该文件重新存储为 DCS EPS 文件。

合并通道的操作步骤如下:

(1)打开包含要合并的通道的灰度图像,并使其中一个图像成为现用图像。

为使"合并通道"选项可用,必须打开多个图像。

(2)从"通道"调板菜单中选取"合并通道"。

(3)对于"模式",选取要创建的颜色模式。适合模式的通道数量出现在"通道"文本框中。

(4)如有必要,在"通道"文本框中输入一个数值。如果输入的通道数量与选中模式不兼容,则将自动选中多通道模式,这将创建一个具有两个或多个通道的多通道图像。单击"确定"。

(5)对于每个通道,需确保需要的图像已打开。如果想更改图像类型,单击"模式"返回"合并通道"对话框。

(6)如果要将通道合并为多通道图像,单击"下一步",然后选择其余的通道。

注:多通道图像的所有通道都是 Alpha 通道或专色通道。

(7)选择完通道后,单击"确定"。选中的通道合并为指定类型的新图像,原图像则在不做任何更改的情况下关闭,新图像出现在未命名的窗口中。

注:不能分离并重新合成(合并)带有专色通道的图像,专色通道将作为 Alpha 通道添加。

9. 删除通道

存储图像前,可能要删除不再需要的专色通道或 Alpha 通道,复杂的 Alpha 通道将极大增加图像所需的磁盘空间。

在 Photoshop 中,在"通道"调板中选择该通道,然后执行下列操作之一:

(1)按住 Alt 键(Windows)或 Option 键(Mac OS)并单击"删除"图标。

(2)将调板中的通道名称拖动到"删除"图标上。

(3)从"通道"调板菜单中选取"删除通道"。

(4)单击调板底部的"删除"图标,然后单击"是"。

注:在从带有图层的文件中删除颜色通道时,将拼合可见图层并丢弃隐藏图层。之所以这样做,是因为删除颜色通道会将图像转换为多通道模式,而该模式不支持图层。当删除 Alpha 通道、专色通道或快速蒙版时,不对图像进行拼合。

## 二、关于路径的应用

### (一)路径的概念

路径(path)是 Photoshop 中的重要工具,它是使用贝赛尔曲线所构成的一段闭合或者开放的曲线段。

贝赛尔曲线的两个端点称为锚点(或称节点),两个锚点之间的曲线部分是由称为控制点的空间参照物的位置决定的,每个控制柄沿锚点的切线方向排列。若控制柄发生了移动,那么它与锚点之间的线性联系也会随之发生变化,一条新切线的产生也就意味着曲线方向的变化。

### (二)路径的主要功能

(1)路径可以绘制精确的选取框线:使用钢笔、磁性笔或自由钢笔等工具,通过调整线段的控制手柄,可以绘制任意的、精确的选取外框。

(2)可以通过路径存储选取区域并相互转换。因为在选取区域外单击时,选取区域的选取外框会消失,所以需要一种方法来存储选取区域。以路径形式存储选取区域,需要时再把它们转成选取区域就可以重新修改图像的某个部分。

(三)路径工具

Photoshop 中提供了一组用于生成、编辑、设置路径的工具组,它们位于 Photoshop 软件中的工具箱浮动面板中,默认情况下,其图标呈现为钢笔图标,如图 2-104 所示。使用鼠标左键点击此处图标保持两秒钟,系统将会弹出隐藏的工具组,按照功能可将它们分成三大类。

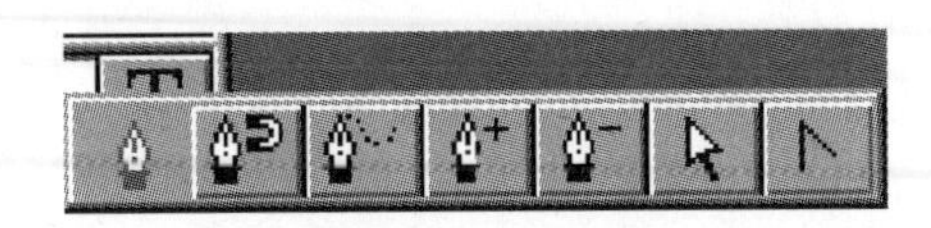

图 2-104 路径工具

1. 节点定义工具

节点定义工具主要用于贝赛尔曲线组的节点定义及初步规划,包括“钢笔工具”、“磁性钢笔工具”、“自由钢笔工具”。

2. 节点增删工具

节点增删工具用于根据实际需要增删贝赛尔曲线节点,包括“添加节点工具”、“删除节点工具”。

3. 节点调整工具

节点调整工具用于调节曲线节点的位置与调节曲线的曲率,包括“节点位置调节工具”和“节点曲率调整工具”。

(四)路径面板

路径作为平面图像处理中的一个要素,显得非常重要,所以和通道图层一样,在 Photoshop 中也提供了一个专门的控制面板——路径控制面板。路径控制面板主要由系统按钮区、路径控制面板标签区、路径列表区、路径工具图标区、路径控制菜单区所构成。

填充路径:将当前的路径内部完全填充为前景色。

勾勒路径:使用前景色沿路径的外轮廓进行边界勾勒。

路径转换为选区:将当前被选中的路径转换成处理图像时用以定义处理范围的选择区域。

选区转换为路径:将选择区域转换为路径。

新建路径层工具:用于创建一个新的路径层。

删除路径层工具:用于删除一个路径层。

(五)构成路径的元素

路径是由锚点和线段组成的矢量线条,利用它可以精确地创建选区,或将一些不够精确的选区转换为路径后再进行编辑和微调。要想更好地掌握路径,应了解路径各个部分的名称,如图 2-105 所示。

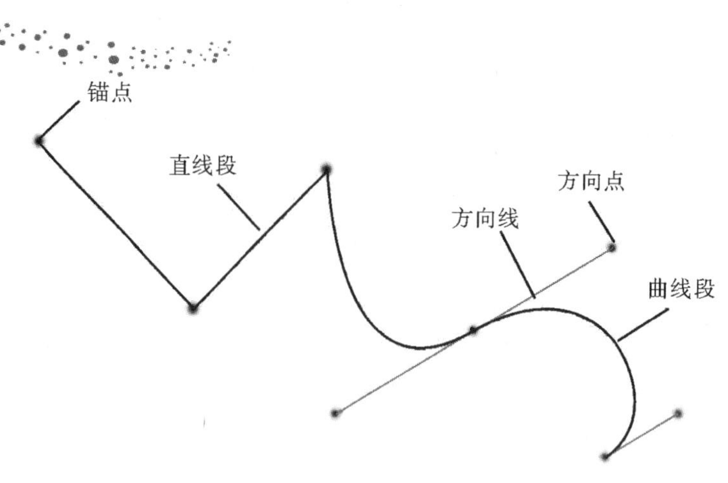


图 2-105　构成路径的元素

（六）路径的操作

1. 绘制路径

如图 2-106 所示，首先在工具栏选择钢笔工具（快捷键 P），并在选项框选择第二种绘图方式（单纯路径），然后用钢笔在画面中单击，会看到在击打的点之间有线段相连，保持按住 Shift 键可以让所绘制的点与上一个点保持 45 度整数倍夹角（比如 0 度、90 度）。

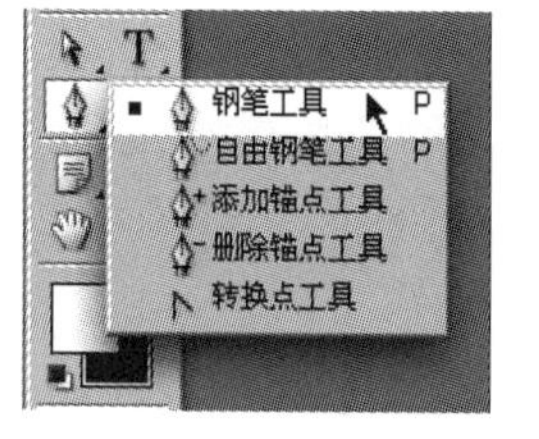


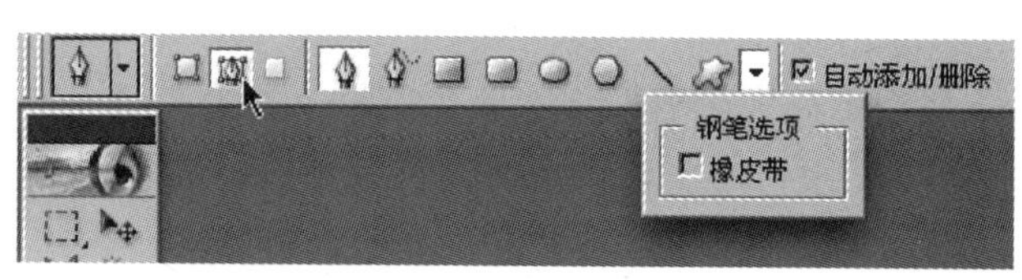


图 2-106　绘制路径对话框

绘制出第二个及之后的锚点，点击并拖动鼠标（此时钢笔工具变成箭头图标，并且拖动出的方向线随鼠标和移动面移动），即可以创建出曲线路径。在拖动鼠标的过程中，如果按住 Shift 键，将限制在 45 度角的倍数上移动。如在拖动鼠标的过程中按住 Alt 键，将仅改变一侧方向线的角度。如图 2-107 为直线路径和曲线路径。

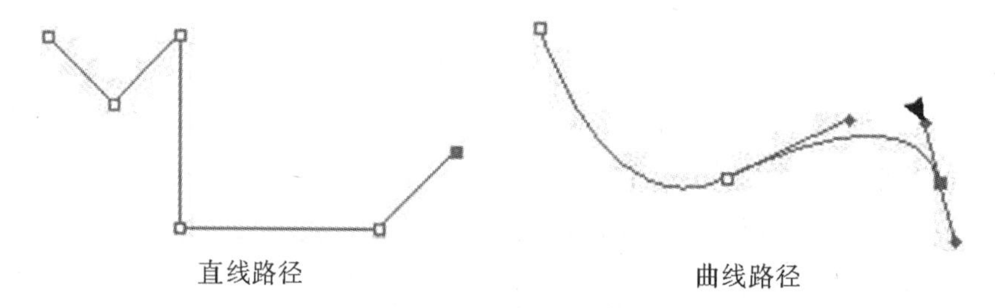


图 2-107　直线路径和曲线路径

2. 移动路径

移动路径是通过路径选择工具或直接选择工具来实现的，使用路径选择工具可以移动整条路径;使用直接选择工具可以用框选的方法选中全部路径后,按住鼠标左键拖分离处来移动整条路径。如只是单击某段路径,则可以对选中路径或锚点进行移动或调整。

3.存储工作路径

(1)在图像编辑窗口中绘制路径后,单击"路径"控制调板右上角的按钮,在弹出的调板菜单中选择"存储路径"选项;或在"路径"调板中选择要保存的路径图层,并在该路径图层上双击鼠标左键,弹出"存储路径"对话框。

(2)将工作路径直接拖动到路径调板底部的"创建新路径"按钮。

4.复制路径

复制路径的操作很简单,用户只需将要复制的路径图层直接拖拽到"路径"控制调板底部的"创建新路径"按钮上,释放鼠标左键后即可复制该路径。

5.删除路径

用户在"图层"控制调板中选择要删除的路径图层,将其直接拖拽到"路径"控制调板底部的"删除当前路径"按钮上,释放鼠标左键后即可将当前选择的路径图层删除。

6.填充路径

用户在图像编辑窗口中绘制路径后,单击"路径"控制调板底部的"用前景色填充路径"按钮,即可用当前工具箱中设置的前景色填充路径。

7.描边路径

单击"路径"控制调板底部的"用画笔描边路径"按钮,可用当前设置的前景色对路径进行描边。用户在使用"描边路径"对话框中的工具进行路径描边前,首先要设置好图层,并在其工具属性栏中设置好笔头的粗细,否则系统将按当前使用工具的笔头大小对路径进行描边。

(七)路径与选择区的转换

1.将路径转换为选区

将路径转换为选区的方法有如下两种:

(1)单击"路径"控制调板右上角的三角形按钮,在弹出的调板菜单中选择"建立选区"选项,此时将弹出"建立选区"对话框,在该对话框中设置好相应的参数后,单击"确定"按钮即可将路径转换为选区。

(2)单击"路径"控制调板底部的"将路径作为选区载入"按钮,即可快速将路径转换为选区将路径转换为选区的前后对比见图 2-108。

图 2-108　路径转换为选区

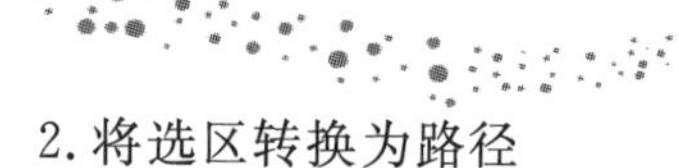


2. 将选区转换为路径

(1)单击“路径”控制调板右上角的三角形按钮，在弹出的调板菜单中选择“建立工作路径”选项，此时将弹出“建立工作路径”对话框(用户在该对话框的“容差”数值框中可输入 0.5～10 之间的数值)，设置好相应的参数后，单击“确定”按钮即可将选区转换为路径。

(2)单击“路径”控制调板底部的“从选区生成工作路径”按钮，即可快速将选区转换为路径。

(八)路径文字

创建路径文字，首先使用钢笔工具的路径方式画一条开放的路径，然后选用文字工具，将光标放到路径上时光标产生了变化，在路径上需要输入文字的地方点击即可输入文字，在输入过程中文字将按照路径的走向排列。

注意：在点击的地方会多一条与路径垂直的细线，这就是文字的起点。此时路径的终点会变为一个小圆圈，这个圆圈代表了文字的终点。如图 2-109 所示。

图 2-109　路径文字

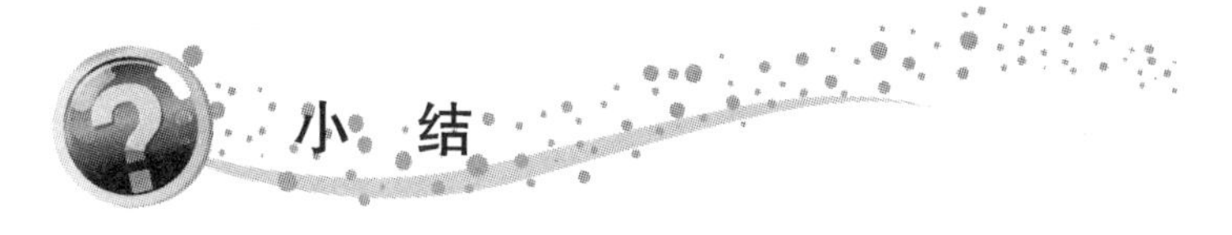

## 小　结

作为 Photoshop 软件的初学者，首先要认真掌握 Photoshop 常用工具的使用，掌握操作技能，打好基础。要勇于实践，这样既能激发学习兴趣，又能较好地掌握一些基本的操作技巧，遇到不明白的再去看书。不要急于求成，可以先找一些设计较理想的网站或作品进行模仿，细心地观察别人是怎么做的。Photoshop 是科学和艺术的结合，要学好它，还要有一定的美术基础和一点灵感，只要不断地摸索和练习，就一定可以得到较理想的作品。

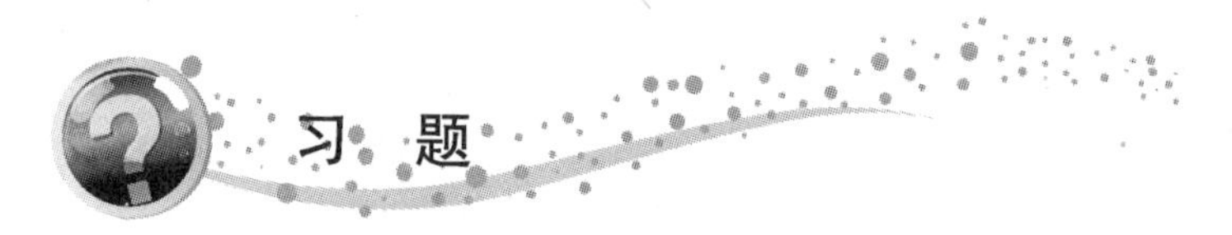

## 习　题

1. 设计一个个人网站的标志。

2. 制作独特风格的个人网站首页。

3. 直线给人速度感、紧张感，明确而锐利。从心理和生理角度看，直线具男性特征。运用直线构图设计男式服装网站主页。

4. 曲线使人感到优美、轻快、柔和，富于旋律感。从生理和心理角度看，曲线有女性感。运用曲线构图设计护肤品网站主页。

5. 以色彩为主要表现元素,分别表现“喜庆”、“神秘”、“悲伤”、“严谨”、“自由”、“典雅”等主题,可任选 1 个进行设计。

6. 设计一个音乐网站效果图,使用装饰效果,文件尺寸以适合网页界面为准。

7. 设计一个运动为主题的网站主页效果图,注意画面的动感、节奏和协调性,文件尺寸以适合网页界面为准。

8. 在服装、首饰、香水、通信等行业中选择一个,应用图文混编,设计一个页面效果图,可参考下图。

# 学习情境3

# 首页动画设计

**知识目标：**

1. 了解 Flash 动画的特点与应用范围。
2. 了解矢量图形的特点，理解 Flash 形状图形的绘制特点。
3. 理解形状图形与组合图形、元件与库、元件与实例的关系。
4. 理解层、时间轴、帧、场景的概念，了解帧的编辑方法。
5. 理解 Flash 动画的分类，了解逐帧动画的应用范围，了解补间动画的应用范围。
6. 了解引导层、遮罩层的作用及制作方法。

**能力目标：**

1. 掌握工具箱中各种工具的使用方法。
2. 掌握绘制矢量图形的方法。
3. 掌握逐帧动画的制作方法，掌握补间动画的制作方法。
4. 掌握引导层、遮罩层的制作方法。
5. 掌握 Flash 动画测试及播放方法，能运用所学的技能解决简单的实际问题。

## 任　务

利用 Flash 制作软件，设计网站首页的动画效果。

## 知识准备

Flash 是 Macromedia 公司推出的一款优秀的矢量动画编辑软件，Flash 以便捷、完美、舒适的动画编辑环境，深受广大动画制作爱好者的喜爱，在制作动画之前，先了解 flash 的工作环境，包括一些基本的操作方法和工作环境的组织和安排。

### 一、“启动”界面

在启动 Flash 8.0 时，出现“启动”界面，如图 3-1 所示。“启动”界面将常用的任务都集中放在一个页面中，包括“打开最近项目”、“创建新项目”、“从模板创建”、“扩展”以及对官方资源的快速访问。

图 3-1 Flash 启动界面

## 二、Flash 的工作窗口

在“启动”界面,选择“创建新项目”下的“Flash 文档”,这样就启动 Flash 8.0 的工作窗口并新建一个影片文档。Flash 的工作界面主要由菜单栏、工具箱、时间轴、舞台、“属性”面板、集成工作面板等构成,如图 3-2 所示。

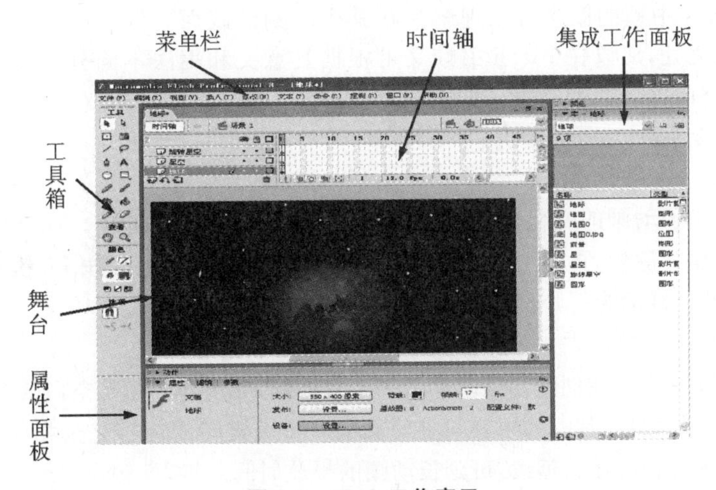


图 3-2 Flash 工作窗口

## 三、工具箱

工具箱(见图 3-3)中的工具包含四个部分:

1."工具"选区:包含了绘图、填充、选取、变形和擦除等工具。

2."查看"选区:包含了"缩放"和"手形"工具,用于调整画面显示。

3."颜色"选区:用于设置笔触颜色和填充颜色。

4."选项"选区:显示了工具属性或与当前工具相关的工具选项。

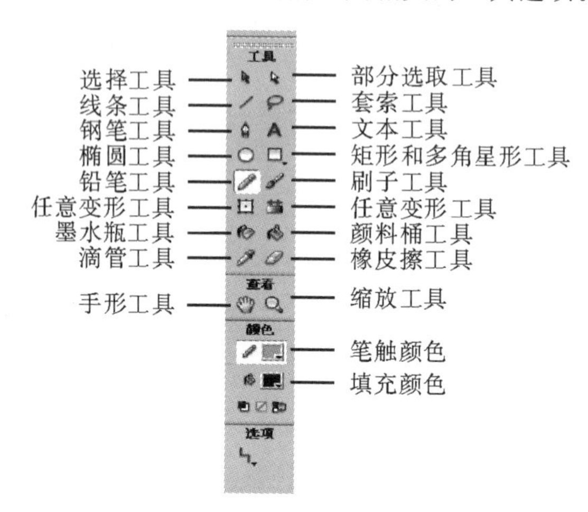


图 3-3 工具箱

## 四、时间轴和帧

"时间轴"控制面板(简称"时间轴")可以对动画中层和帧的电影内容进行组织和控制,使这些内容随着时间的推移而发生相应的变化。众所周知,传统影片由胶片组成,上面有若干张连续的画面,因为人眼的视觉暂留而成为连续的影片,其中每张画面可以叫做帧,所以在 Flash 中帧的概念可以理解为在某个时刻的画面。但是由于计算机动画与传统动画有不同之处,所以在 Flash 中帧又可根据其意义和用法不同分为关键帧、普通帧、空白关键帧、空白普通帧和空帧。如图 3-4 所示。

(一)帧的分类

1.关键帧

关键帧定义了动画的变化环节,逐帧动画的每一帧都是关键帧。而补间动画在动画的重要点上创建关键帧,再由 Flash 自己创建关键帧之间的内容。按 F6 键可以创建关键帧,并在时间轴上显示为一个黑色小圆圈。

2.普通帧

时间轴中每一小格在创建动画时都是一个普通帧,无内容的帧是空白的单元格,有内容的帧显示出一定的颜色,其中的内容与它前面的一个关键帧的内容完全相同。可以将普通帧看成是前一关键帧动作的延续,可延长动画的播放时间。按 F5 键可以创建普通帧。

3.空白关键帧

空白关键帧中没有内容,主要用于在画面与画面之间形成间隔。按 F7 键可以创建

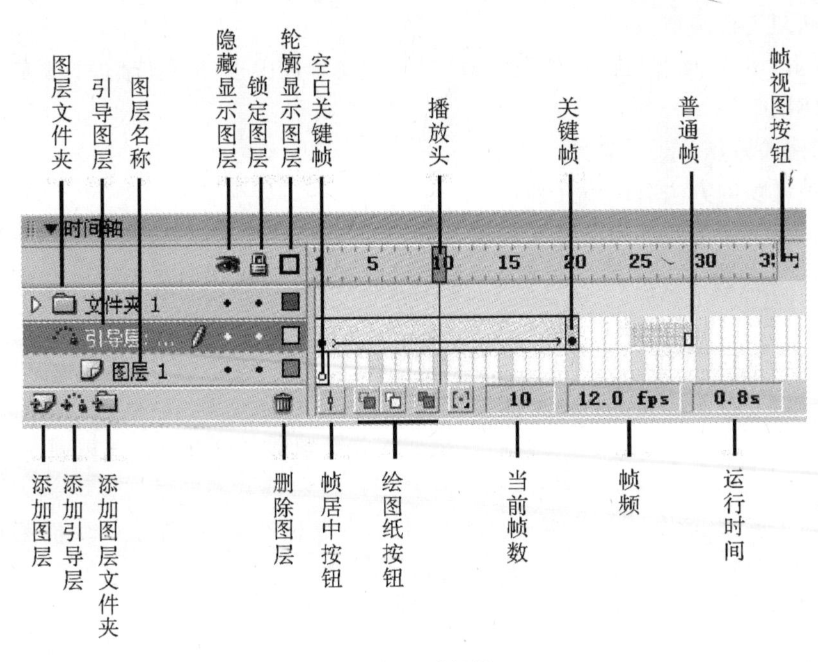


图 3-4　时间轴

空白关键帧,并在时间轴上显示为空心的小圆圈。一旦在空白关键帧中添加了内容,空白关键帧就会变为关键帧。

(二)创建与编辑帧

通过编辑帧,可以确定每一帧中包含的内容、动画的播放状态和播放时间等。编辑帧包括设置帧的显示状态、设置帧频、创建帧、选择帧、复制帧、移动帧、删除帧、清除帧和翻转帧等操作。

1.帧的显示状态

帧的显示状态可以根据需要设置为不同的显示状态。单击时间轴右端的“帧视图”按钮,在弹出的菜单中选择需要的选项以改变控制帧的显示状态。

“很小”、“小”、“标准”、“中等”、“大”、“较短”和“彩色显示帧”:都用于控制时间轴上帧单元格的大小和色彩。

“预览”:以缩略图的形式显示每一帧的状态,有利于浏览动画和观察动画形状的变化,但会占用较多的屏幕空间。

“关联预览”:显示对象在各帧场景中的位置,便于观察对象在整个动画过程中位置的变化。

2.设置帧频

帧频是指播放动画时,每秒钟播放的帧数。帧频决定着动画播放的连贯性和平滑性。设置帧频就是设置动画的播放速度,帧频越大,播放速度越快,反之则越慢。

帧频的单位是 fps,时间轴下方的**12.0 fps**图标表示帧频,它表示每秒钟将播放 12 帧的动画内容。设定帧频的方法有如下几种:

(1)在时间轴状态栏上双击**12.0 fps**图标,在打开的“文档属性”对话框中的“帧频”文本框中对帧频进行调整。

(2)单击“属性”面板,在“属性”面板的“帧频”文本框中也可对帧频进行调整。

3. 创建帧

(1)创建关键帧

创建关键帧的方法有以下几种:

①鼠标右键单击要插入关键帧的帧,在弹出的快捷菜单中选择“插入关键帧”命令。

②选择“插入”—“时间轴”—“关键帧”命令,插入的关键帧中默认为前一关键帧的内容。

③按 F6 键。

(2)创建空白关键帧

创建空白关键帧的方法有以下几种:

①如果前一个关键帧中没有内容,直接插入关键帧即可得到空白关键帧。

②如果前一个关键帧中有内容,选择需要创建空白关键帧的帧,选择“插入”—“时间轴”—“空白关键帧”命令。或在要插入的帧上单击鼠标右键,在弹出的快捷菜单中选择“插入空白关键帧”命令。

③按 F7 键。

(3)创建普通帧

创建普通帧的方法主要有以下几种:

①在时间轴上用鼠标左右拖动关键帧可插入普通帧。

②在要插入帧的位置单击鼠标右键,在弹出的快捷菜单中选择“插入帧”命令。

③按 F5 键。

4. 选择帧

选择帧包括以下几个方面:

(1)要选择一个帧,只需在时间轴上单击要选择的帧格,被选中的帧以反白显示。

(2)若要选择连续的多个帧,可先选中第一个帧,然后在按住 Shift 键的同时单击最后一个帧。

(3)若要选择不连续的多个帧,可先选中第一个帧,然后按住 Ctrl 键再单击其他需要选择的帧格。

(4)若要选中一个图层中所有已创建的帧,只需单击图层区中的图层名称即可。

5. 复制帧

在制作 Flash 动画的过程中,有时需要创建相同内容的帧,这就需要对已创建的帧进行复制。其具体操作为:

(1)选中需要复制的帧,在其上单击鼠标右键;

(2)在弹出的快捷菜单中选择“复制帧”命令;

(3)用鼠标右键单击需要在时间轴上粘贴帧的目标位置,在弹出的快捷菜单中选择“粘贴帧”命令。

6. 移动帧

移动帧的方法有以下两种:

(1)选中要移动的帧,按住鼠标左键拖到需要放置的地方。

(2)选中要移动的帧,在其上单击鼠标右键,在弹出的快捷菜单中选择“剪切帧”命令,然后在目标位置单击鼠标右键,在弹出的快捷菜单中选择“粘贴帧”命令。

7.删除帧

在制作 Flash 动画的过程中,如不再需要已创建的帧,可以将其删除。删除帧的方法是:选中要删除的帧,在其上单击鼠标右键,在弹出的快捷菜单中选择“删除帧”命令即可删除所选取的帧。

8.清除帧

在制作 Flash 动画的过程中,如已创建帧中的内容不再需要,可以将其清除。选中要清除的帧,在其上单击鼠标右键,在弹出的快捷菜单中选择“清除帧”命令,即可将当前关键帧转化为空白关键帧;也可以在弹出的快捷菜单中选择“清除关键帧”命令,将关键帧转化为普通帧。

9.翻转帧

使用翻转帧命令可以将选中的多个帧的播放顺序进行翻转。其方法为:选择多个连续的帧,单击鼠标右键,在弹出的快捷菜单中选择“翻转帧”命令,即可将选择的多个帧的播放顺序进行翻转。

默认情况下,时间轴显示在主应用程序窗口的顶部,在舞台之上。要更改其位置,可以将时间轴停放在主应用程序窗口的底部或任意一侧,或在单独的窗口中显示时间轴,也可以隐藏时间轴。

用户可以调整时间轴的大小,从而更改可以显示的图层数和帧数。如果有许多图层,无法在时间轴中全部显示出来,则可以通过使用时间轴右侧的滚动条来查看其他图层。

## 五、图层

在 Flash 动画中,图层就像透明的胶片,一张张地向上叠加。每一张胶片上面都有不同的画面,将这些胶片叠在一起就组成了一幅完整的画面。如果一个层上没有内容,那么就可以透过它看到下面的层。

在 Flash 中用不同的层来存放不同的对象,利用它可设置各对象之间的层次关系,使元素之间不至于相互干扰。在 Flash 中,不同的动画不能放在同一个图层。如图 3-5 所示。

图 3-5 图层

(一)图层的分类

(1)普通层:当创建一个新的 Flash 文档后,它就包含一个普通层,它是 Flash 中应用最多的图层。

(2)引导层:利用引导层可以制作沿路径运动的动画。

(3)遮罩层:遮住下面层的内容,透过建立的矢量图形可以看见下面图层的内容。

(二)图层的作用

(1)用户可以对某个图层中的对象或动画进行编辑和修改,而不会影响其他图层中的内容。

(2)利用特殊的图层还可以制作特殊的动画效果,如利用遮罩层可以制作遮罩动画,利用引导层可以制作引导动画,它们的使用方法将在后面详细介绍。

(三)图层的操作

1. 选取图层

在操作图层之前,首先要选取图层。可以选取单个图层,也可以同时选取多个图层。

选取单个图层的方法有以下三种:

(1)在图层区域中单击需要编辑的图层。

(2)单击时间轴中的一个帧格即可选中该帧格所在的图层。

(3)在场景中选取要编辑的对象,即可选中该对象所在的图层。

选取多个图层的操作包括选取相邻和不相邻图层的情况,其具体操作如下:

(1)选取相邻图层:单击要选取的第一个图层,然后按住 Shift 键单击要选取的最后一个图层,即可选取两个图层间的所有图层。

(2)选取不相邻图层:单击要选取的任意一个图层,然后按住 Ctrl 键,再单击其他需要选取的图层。

2. 新建图层

新建的 Flash 文件在默认情况下只有一个图层,用户可以根据需要新建图层。如果需要建立新的图层,方法有以下三种:

(1)单击图层区域下方的按钮,即可在图层区域上新建一个图层。系统自动将其命名为"图层 2",位于"图层 1"上面,并变为当前层。连续单击按钮将依次新建所需要的图层。

(2)利用菜单命令新建图层,如要在图层 2 上创建新图层,先选取"图层 2"然后选择"插入"—"时间轴"—"图层"命令。在图层 2 上层创建了一个新图层"图层 3",且"图层 3"变为当前层。

(3)利用快捷菜单也可以新建图层,要在"图层 3"上层创建新图层,选取"图层 3",单击鼠标右键,在弹出的快捷菜单中选择"插入图层"命令。则在"图层 3"上层创建了一个新图层"图层 4",且"图层 4"变为当前层。

3. 重命名图层

Flash 默认的图层名为"图层 1"、"图层 2"等。如果制作的动画比较复杂,为了便于识别各层放置的内容,可分别为各图层取一个识别性强的名称。这时需要用到为图层重命名的操作。重命名图层的方法有以下两种:

(1)在图层区域双击要重命名的图层名,在文本框中输入所需的名称,单击其他图层完成编辑,确认该名称。

(2)在需要命名的图层中双击图标,打开"图层属性"对话框。在"名称"文本框中输入新名称,单击 确定 按钮完成编辑。

4. 复制图层

在制作动画时,有时需要将一个图层中的全部内容复制到另一个图层中,其具体操作如下:

(1)选取要复制的图层,在时间轴区域中单击鼠标右键,从弹出的快捷菜单中选择"复制帧"命令,复制该图层中的所有帧;

(2)选取要粘贴内容的图层,单击鼠标右键,从弹出的快捷菜单中选择"粘贴帧"命令,将复制的所有帧内容粘贴到图层中。

5. 移动图层

移动图层是指对图层顺序进行调整,以改变场景中各对象的叠放次序。具体操作如下:

选取要移动的图层,按住鼠标左键拖动,图层以一条粗横线表示。当粗横线到达需要放置的位置,释放鼠标左键完成移动。

6. 删除图层

当不需要图层上的内容时,可以删除图层。删除图层的方法有以下三种:

(1)选取需删除的图层,按 Delete 键,即可删除选取的图层。

(2)选取需删除的图层,按住鼠标左键不放,将该图层拖动到图标上释放鼠标。

(3)选取需删除的图层,单击鼠标右键,在弹出的快捷菜单中选择“删除图层”命令。

7. 隐藏与显示图层

在制作动画时,有时需要对特定的一个图层进行编辑,为了避免操作失误,可以将其他不使用的图层隐藏起来,编辑完成后再将其他图层显示出来。处于隐藏状态的图层不能被编辑。可以通过图标和图标来控制图层的隐藏与显示。

8. 锁定图层

对于已经编辑好的图层,如果不需要再修改,而又想让其中的内容显示,可以锁定它。其具体操作如下:

选取要锁定的“忘记”图层,单击图标下方该层的图标,图标变为图标,同时图标变为图标,表示该图层处于锁定状态,不能编辑。再次单击该层中的图标即可解锁。

9. 设置图层属性

在 Flash 中可以在“图层属性”对话框中对图层的属性进行设置,如图 3-6 所示,可以设置图层名称、显示与锁定、图层类型、对象轮廓的颜色、图层的高度等。选取任意一个图层,单击鼠标右键,在弹出的快捷菜单中选择“属性”命令,打开“图层属性”对话框,直接在上面修改即可。

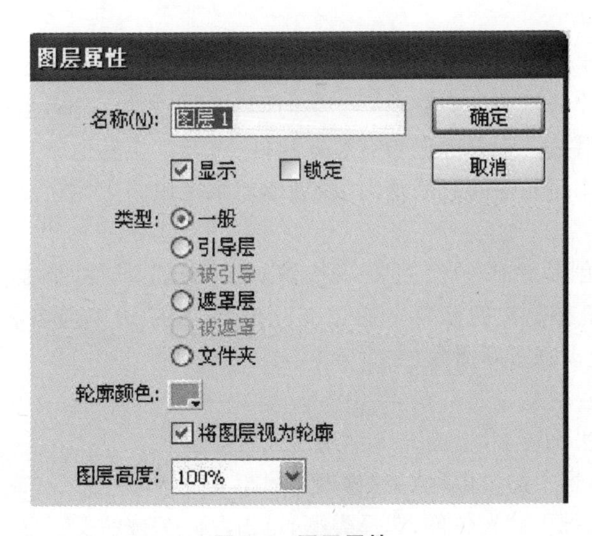


图 3-6 图层属性

## 六、工作区和舞台

工作区是用户设计动画和布置场景对象的场所，中间的矩形区域是舞台。动画的对象可以放置在工作区中也可以放置在舞台中，区别是放在舞台外面的工作区的内容在动画播放时不可见，只有在舞台中的对象才可见。这些对象包括矢量插图、文本框、按钮、导入的位图或视频剪辑等。

在默认情况下，舞台的宽为550像素，高为400像素，用户可以通过“属性”面板设置和改变舞台的大小。

## 七、元件、实例和库

在创作和编辑 Flash 动画时，经常会用到元件、实例和库，它们在动画的编辑过程中有着重要的地位。元件是存放在库中的可反复取用的图形、动画、按钮和音频。当用户创建一个元件时，元件就存储在文件的“库”面板中，“库”面板对元件进行有效地组织和管理；还可建立文件夹，将元件分类存放在文件夹中。将元件从库拖入舞台，就生成了一个实例。

(一)元件的分类

元件是 Flash 动画中可以反复使用的一个小部件，它可以是图片按钮或一段小动画。每个元件都有一个唯一的时间轴、舞台及几个层。元件可以反复使用，不但大大提高了工作效率，而且可以减小动画的体积。Flash 中的元件包括三种类型：图形元件、按钮元件和影片剪辑元件。不同类型的元件可产生不同的交互效果，在创建动画时，应根据动画的需要来制作不同的元件。

1. 图形元件

图形元件用于创建可反复使用的图形或连接到主时间轴的动画片段，它可以是静止的图片，也可以是由多个帧组成的动画。

2. 影片剪辑元件

影片剪辑元件本身就是一段动画。使用影片剪辑元件可创建反复使用的动画片段，且可独立播放。影片剪辑元件拥有独立于主时间轴的多帧时间轴，当播放主动画时，影片剪辑元件也在循环播放。它可以包含交互式控件、声音甚至其他影片剪辑实例，也可以将影片剪辑实例放在按钮元件的时间轴内，以创建动画按钮。

3. 按钮元件

按钮元件用于创建动画的交互控制按钮，它可响应事件，添加交互动作。如“replay”、“重播”等按钮都是按钮元件。通过交互控制，按钮可响应各种鼠标事件，如单击“重播”按钮，将会使动画重新播放。

(二)创建元件

创建元件的方法比较多，下面介绍常用的三种方法。

方法一：选中场景中的对象，选择“修改”—“转换为元件”命令，或按下快捷键 F8，弹出“转换为元件”对话框，输入名称，选择类型，单击“确定”按钮。

方法二：选择“插入”—“新建元件”命令，或单击“库”面板下方的“新建元件”按钮，弹出“新建元件”对话框,输入名称和选择类型,单击“确定”按钮,进入到元件的编辑界面。

方法三:Flash 有一个公用库。选择“窗口”—“公用库”—“学习交互或按钮或类”命令,打开“公用库”面板后,选中元件,拖入到当前文档的“库”面板中。

(三)编辑和使用元件

编辑元件:打开“库”面板,选中某个元件,双击鼠标左键,进入元件的编辑状态,或在舞台上双击实例,进入元件的编辑状态。

使用元件:创建元件后,就会保存在“库”面板中,选择“窗口”—“库”命令,或按下 Ctrl+L 组合键(或 F11)键,打开“库”面板,选中元件拖至舞台中。

实例的应用:元件拖放到舞台中,即称为实例。在“属性”面板中,可对实例进行相应的属性设置,例如实例行为、大小、名称、动画播放方式、颜色等。

(四)创建动画

用户通过改变连续帧的内容来实现动画,例如穿梭移动、放大或缩小、旋转、变色、淡入淡出以及改变形状等。

有两种方法可以在 Flash 中创建动画序列,一种是逐帧动画,另一种是渐变动画,又称为补间动画。渐变动画又分为动画补间动画和形状补间动画两种。

1. 逐帧动画

逐帧动画是指由位于同一图层的许多连续关键帧组成的动画,制作者需要在动画的每一帧中创建不同的内容。当动画播放时,Flash 就会一帧一帧地显示每帧中的内容。在一个逐帧动画中,每一帧都是关键帧。如图 3-7 所示。

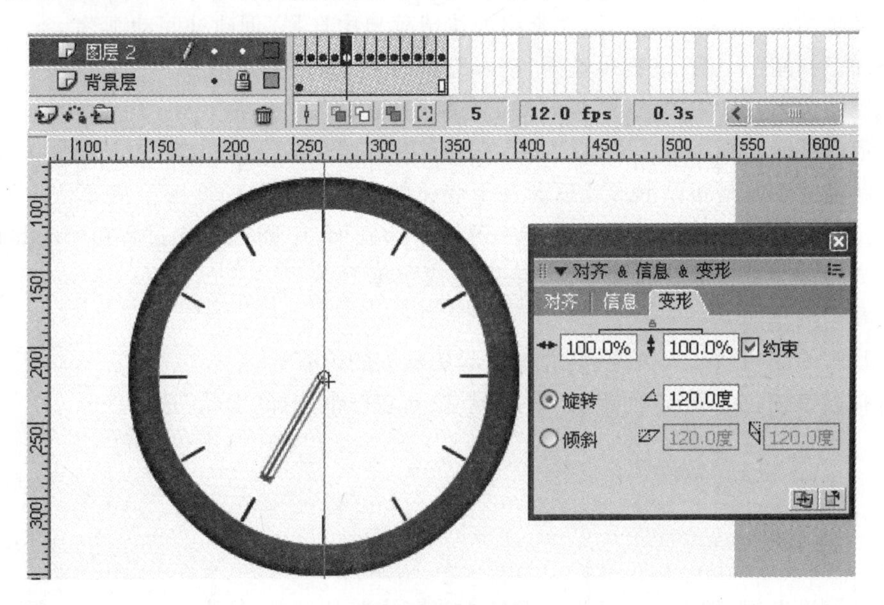


图 3-7 逐帧动画

逐帧动画的特点:

(1)逐帧动画中的每一帧都是关键帧,每个帧的内容都需要手动编辑,工作量很大,一般不采用该方式制作动画。

(2)逐帧动画由许多单个关键帧组合而成,每个关键帧均可独立编辑,且相邻关键帧中的对象变化不大。

(3)逐帧动画的文件较大,不利于编辑。

(4)创建逐帧动画,需要将每个帧都定义为关键帧,然后给每个帧创建不同的图像。每个新关键帧最初包含的内容和它前面的关键帧是一样的,因此可以递增地修改动画中的帧,但工作量很大。

2.动画补间动画

动画补间动画是制作 Flash 动画过程中使用最为频繁的一种动画类型。其就是在两个关键帧上分别定义两种不同的属性,如对象的大小、位置、角度等,然后在两个关键帧之间建立一种运动渐变关系。如需要制作图片的若隐若现、移动、缩放、旋转等效果,就可以通过动画补间动画来实现。

动画补间动画的特点:

(1)不需要手工创建每个帧的内容,只需要创建两个关键帧的内容,两个关键帧之间的所有动画都由 Flash 创建,制作更加简便。

(2)由手工控制,帧与帧之间的过渡可能不自然、连贯;而补间动画除两个关键帧由手工控制外,中间的帧都由 Flash 自动生成,因此渐变过程更为连贯。

(3)文件小,是一种应用较多的动画制作方式。

动画补间动画的制作方法:

在动画的起始帧插入关键帧,并编辑起始帧中的内容;

选择起始帧,单击鼠标右键,在弹出的快捷菜单中选择“创建补间动画”命令,或在“属性”面板的“补间”下拉列表框中选择“动画”选项;

选择结束帧并插入关键帧,再编辑结束帧中的内容。

3.形状补间动画

形状补间动画是指图形形状逐渐发生变化的动画。图形的变形不需要依次绘制,只需确定图形在变形前和变形后的两个关键帧中的画面,中间的变化过程由 Flash 自动完成。例如将一个正方形变成圆形、字母 A 变成字母 B 等。

其具体操作如下:

在动画的起始帧插入关键帧,并编辑起始帧中的内容;

选择起始帧,在“属性”面板的“补间”下拉列表框中选择“形状”选项。

## 行　动

随着网络发展,如今大多数企业网站在不断改版的同时,越来越多地融入适合自身风格的动画元素来展现形象或者展示信息。从静止到运动,从粗糙的动画到对设计师创意的诠释,从动画展示到动画与功能的完美结合,从枯燥的展示到互动和用户体验理念的融入,从单一的软件运用到视频等其他软件和技术与 Flash 的配合,从平面的动态效果到如今三维动画的流行,Flash已经在网页设计中发挥越来越重要的作用。

在进行福建省国际电子商务网站首页的设计时,我们将页面的banner用Flash制作成动画,通过三幅不同的画面展现公司的服务外贸电子商务、培训认证及公司的技术支持这三个主要业务。下面就用Flash 8.0制作首页动画。

## 第一步:舞台的设计

要制作一个动画,首先需要建立一个专用的文档。在Flash 8.0的主界面中选择“文件”—“新建”命令,在打开的“新建文档”对话框的“常规”选项卡中,选择Flash文档类型,然后单击“确定”按钮即可新建一个Flash文档。

在进行首页动画的设计时,首先要设计舞台,主要包括背景颜色、场景尺寸、场景、场景显示比例、标尺、网格以及辅助线等内容。

在需要设置场景的颜色时,如图3-8所示,可以单键“属性”面板中的背景:按钮,在弹出的颜色列表中选择相应的颜色,即可将该颜色设置为动画的背景颜色。若在颜色列表中没有适合的颜色,可单击颜色列表右上角的按钮,打开“颜色”对话框,从中选择需要的色彩。

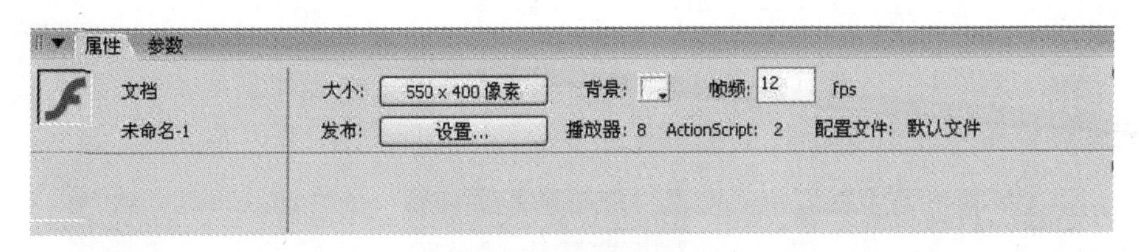


图3-8 属性窗口

场景尺寸决定了动画文档中场景的实际大小,也决定了动画作品的最终尺寸。按照网站首页设计图的规划,banner图的大小宽为950像素,高为275像素,因此要将舞台的大小设置为950×275像素。

单击“属性”面板中的 550 x 400 像素 按钮,打开“文档属性”对话框,如图3-9所示。

在“尺寸”栏的“宽”和“高”文本框中修改数值,宽为950像素,高为275像素,即可将场景设置为相应的尺寸,在“标尺单位”列表框中,可选择标尺的度量单位(通常选择“像素”)。

在动画的制作过程中,为了能使图形对象达到较好的定位效果,可以使用标尺,并将辅助线和网格配合使用,提高对图形对象定位的精确度。

另外在帧频的设置上,考虑到网络速度,这里使用默认值每秒12帧。

## 第二步:演员的准备

舞台的设计完成之后,就要把事先准备好的演员放入到舞台中,在这里需要的是三张banner图,还有三张作为按钮的小banner图的截图,这些可以用前面介绍过的图片处理软件Photoshop处理,这里就不再重复介绍。演员准备好之后,可以将图片直接导入舞台中,或先导入到库面板中。这里先导入到库面板中,如图3-10、3-11所示。当然,要制作

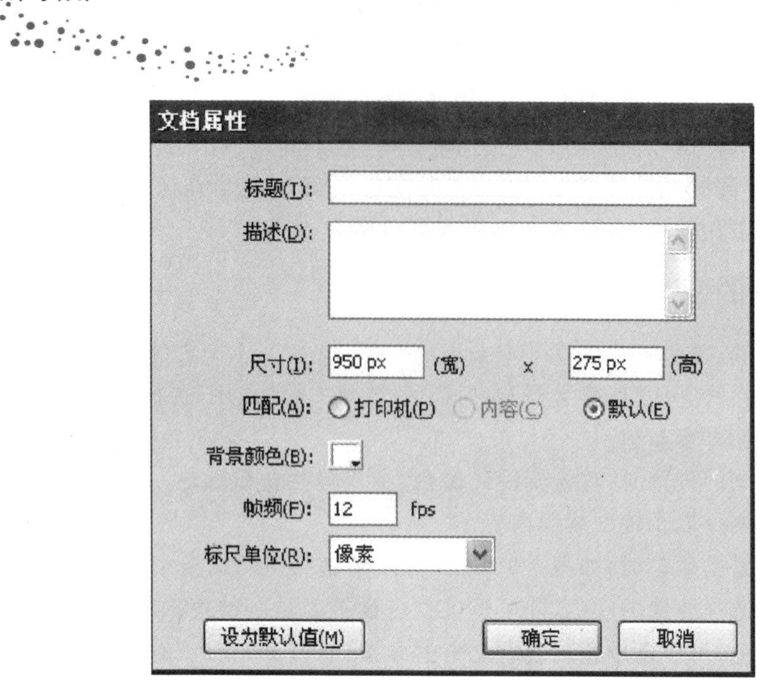


图 3-9 文档属性窗口

banner 动画，就这些演员是远远不够的，可以利用 Flash 8.0 制作新的元件，还可以对已有的元件调整图片大小等属性，删除图片中多余的区域，修改图片内容。

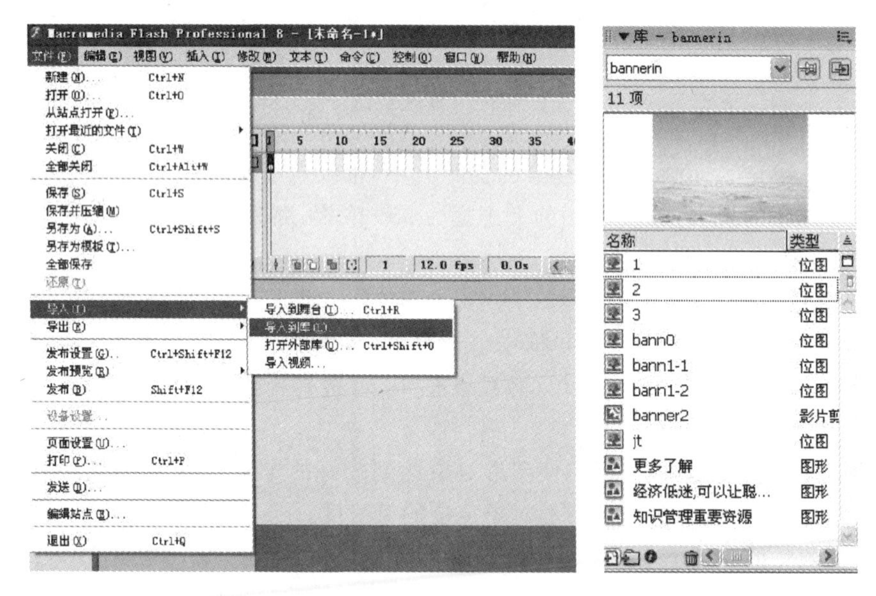


图 3-10 导入界面

图 3-11 库面板

Flash 中的元件包括三种类型：图形元件、按钮元件和影片剪辑元件。不同类型的元件可产生不同的交互效果，在创建动画时，应根据动画的需要来制作不同的元件。

(一)制作图形元件

图形元件用于创建可反复使用的图形或连接到主时间轴的动画片段，它可以是静止的图片，也可以是由多个帧组成的动画。

未打开库面板的，可以从窗口菜单中选择“插入”—“新建元件”命令（或按 Ctrl＋F8 键），打开“创建新元件”对话框；打开库面板的，点击库面板中的“添加新元件按钮”，会打开“创建新元件”窗口，如图 3-12 所示。

图 3-12　创建图形元件

这里制作一个内容为“福建省国际电子商务中心”的文字图形，为了能更好地辨认元件，建议将文字的内容做成元件的名称，在名称中输入“福建省国际电子商务中心”，类型选择为图形单选按钮，按“确定”。这时 Flash 将自动进入图形元件的编辑状态，在元件编辑区的左上方出现一个图形元件图标，如图 3-13 所示。可以在元件编辑区中加入图片和文字，选择工具栏中的“A”在窗口拖动鼠标，在输入框中输入“福建省国际电子商务中心”，在“属性”窗口中设置文字的字体为长城大标宋体，字号为 36 号，加粗。然后用移动工具将文字中心位置移到窗口中的加号处，这样一个元件就制作好了。可以用同样的办法制作其他元件。

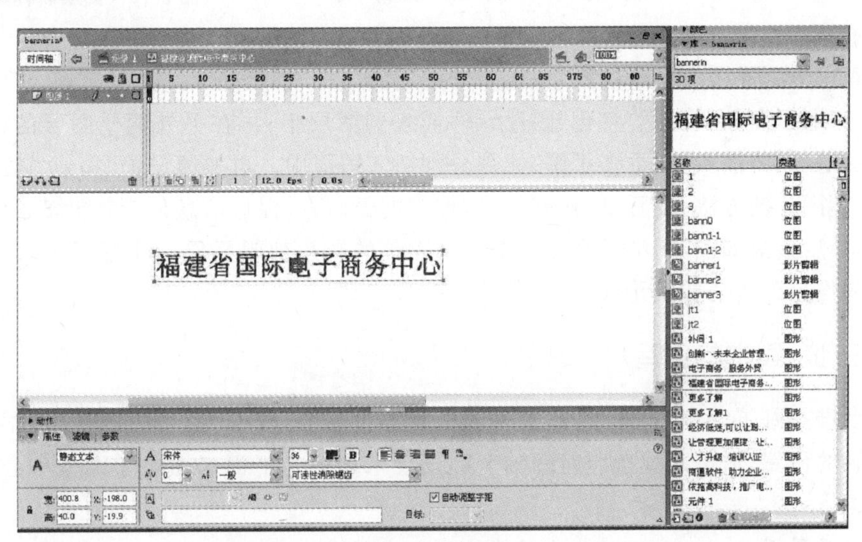


图 3-13　图形元件

（二）制作影片剪辑元件

影片剪辑元件本身也是一段动画。使用影片剪辑元件可创建反复使用的动画片段，且可独立播放。影片剪辑元件拥有自己的独立于主时间轴的多帧时间轴，当播放主动画时，影片剪辑元件也在循环播放。

由于福建省国际电子商务的首页 banner 图动画是由三幅不同的图进行切换，不同的画面上又通过简单的文字动画效果来展示公司的三个主要的业务信息，这里将每一幅 banner 图制作成一个影片剪辑元件。

打开“创建新元件”对话框，新建一个影片剪辑元件，如图 3-14 所示。单击“确定”按钮进入影片剪辑元件的编辑区。

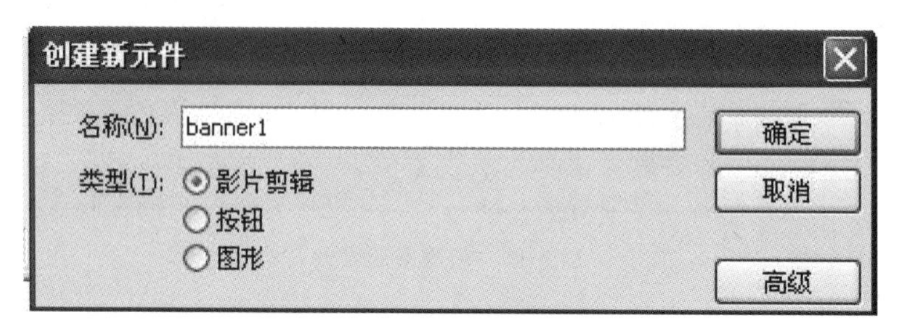


图 3-14 创建影片剪辑

在图层 1 中插入背景图片，在 40 帧处插入帧，使得背景保持不变。插入一个新的图层，在第 5 帧处插入一个关键帧，再将事先准备好的图片元件“福建省国际电子商务中心”拖到新建图层上并调整好位置，分别在第 6、7、8、9、10 处插入关键帧，点击图片，在属性窗口里(见图 3-15)，调整图片的透明度(Alpha)，使得图片由模糊到清晰，有一种跳出的感觉。

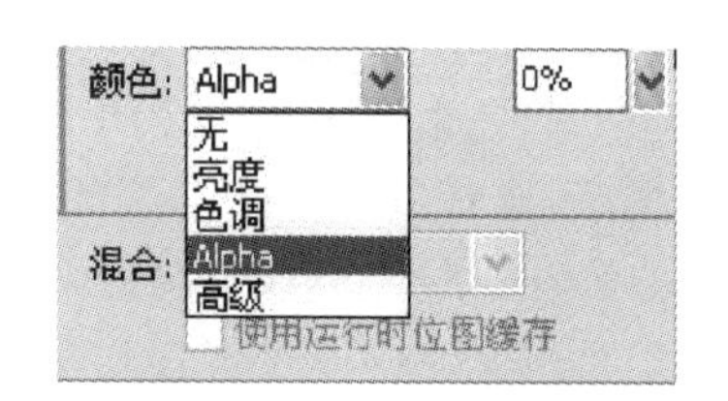


图 3-15 图层属性窗口

接着再分别插入三个新的图层，在一个图层的第 15 帧处插入一个关键帧，将“依托高科技，推广电子商务，促进信息化”图片元件插入到图层中；再在另外两个图层的第 25 帧处插入关键帧，将箭头和“更多了解”元件分别插入图层中。再按照设置“福建省国际电子商务中心”图片的方法，设置“依托高科技，推广电子商务，促进信息化”和“更多了解”这两个图片，最后效果如图 3-16 所示。这样一个简单的影片剪辑元件制作好了，可以用同样的方法制作另外两个剪辑元件。

## 第三步：剧本的编写

舞台准备好了，演员选好了，就差一本好剧本了。在 Flash 的动画制作中，剧本就是对时间轴的设置，演员必须按照时间轴上的设置来表演。下面来为电子商务中心的动画编写剧本。

(一)设置图片

从库中将事先准备好的元件拖出，放到舞台的相应位置上。通常情况下，是将不同的元件放在不同的图层上，这样设置就相互不干扰。先将 banner1 影片剪辑元件拖放到舞台中，并在 40 帧处插入帧，使得 banner1 的表演时间为 40 帧；插入两个图层，在第二个图层的第 41 帧处插入一个关键帧，将 banner2 影片剪辑元件拖放到舞台中，在 80 帧处插入

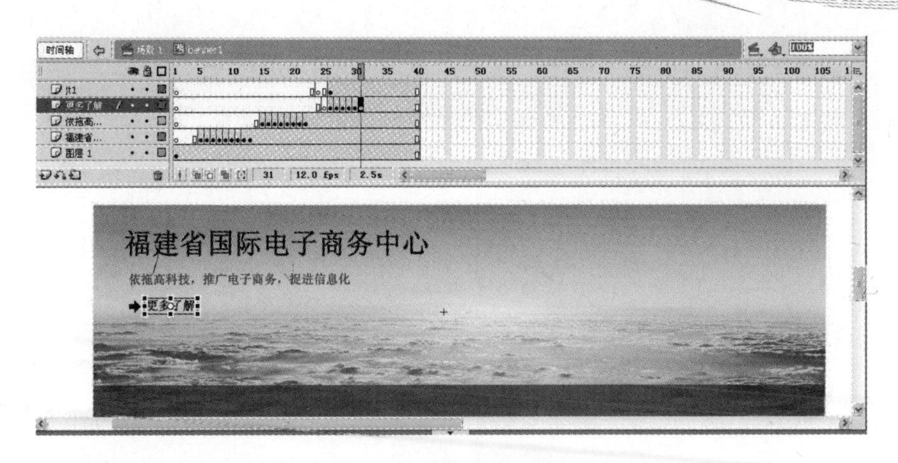


图 3-16　影片剪辑元件

一帧,同样使得 banner1 的表演时间为 40 帧;在第三个图层的第 81 帧处插入一个关键帧,将 banner3 影片剪辑元件拖放到舞台中,在 120 帧处插入一帧,使得 banner3 的表演时间为 40 帧。如图 3-17 所示。

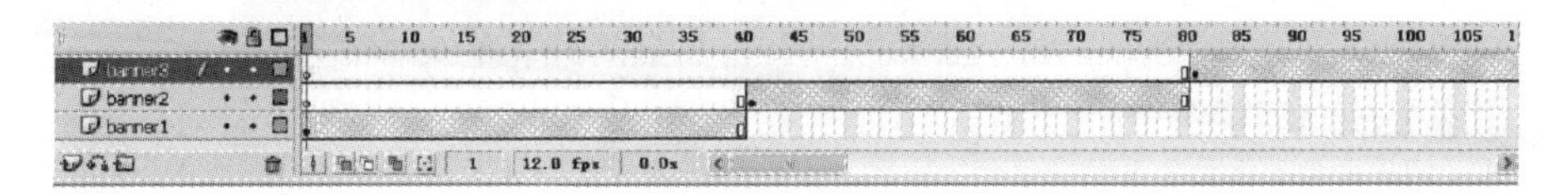

图 3-17　时间轴

在 banner 图的下方将放置三个 banner 图的缩小图片及相应的说明文字,该说明文字在整个动画过程中将保持不变,而当前正在演示的 banner 图,其所对应的缩小图片会向上跳出。

(二)设置文字

插入一个新图层,选择文字输入工具,在舞台上输入“电子商务　服务外贸”、“人才升级　培训认证”及“商通软件　助企业腾飞”。在 120 帧处插入一帧,使得文字的使用范围为 120 帧。

(三)设置小图标

再插入一个新图层,将 banner1 图所对应的小图片添加到图层,并放在舞台下方,制作 banner1 的向上跳出动画。该动画可以使用补间动画,此处要记住补间动画制作的三个关键要素:两个关键帧和一个动作补间。由于该小图片是在对应 banner1 图一打开时就跳上去的,可以在第 4 帧处插入一个关键帧,并确定好小图片在第 1 帧和第 4 帧处的位置。在第 1 帧和第 4 帧之间的灰色过渡帧中单击鼠标右键,在弹出的快捷菜单中选择“创建补间动画”命令。这时,从第 1 帧到第 4 帧以浅蓝色显示,中间有一个箭头指示,表示小图片将从第 1 帧运动到第 4 帧中的位置,这样就完成了从第 1 帧到第 4 帧的运动补间的动画设置。如图 3-18 所示。

接着再插入一个新的图层,将另两个小图标施入到舞台中,使其作用的范围为 1～40 帧,这样一个 banner1 图的动画就完成了。

图 3-18 创建补间动画

以同样的办法制作另外两个 banner 图，就得到了一个完整三幅 banner 图相互切换的动画，如图 3-19 所示。

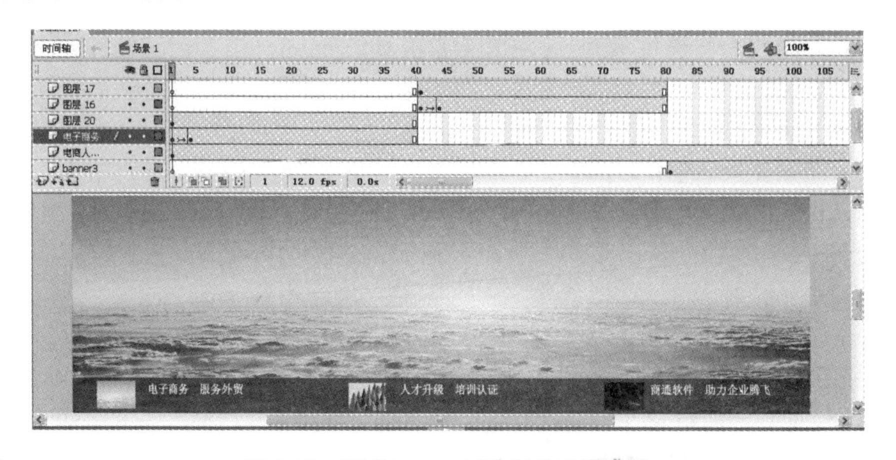


图 3-19 首页 banner 图动画最后完成图

## 第四步：导出动画

执行“文件”—“导出”—“导出影片”命令导出 Flash 动画，或使用快捷键“Ctrl＋Shift＋Alt＋S”。在文件类型下拉列表中选择“FLASH 影片(＊.SWF)”，为动画起个名字之后点击“确定”按钮。如图 3-20 所示。

图 3-20　导出影片窗口

在按下“确认”按钮后,会出现一个“导出 FLASH PLAYER”的面板,如图 3-21 所示。这里数值默认,单击“确认”按钮,Flash 动画就导出了。

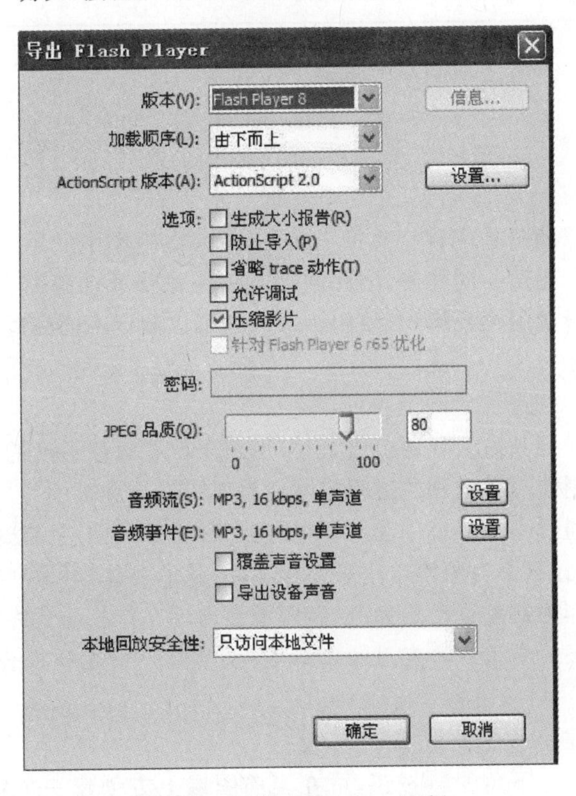


图 3-21　导出 flash player 面板

# 评　价

讨论和评价各小组完成的项目首页 Flash 动画效果。

我们将请省国际电子商务中心的兼职教师和我们共同讨论、点评各组首页 Flash 动画效果。各小组展示作品，并填写以下的评价表，最后交给老师进行评级。表中各个项目的评价等级为：A、B、C、D、E，分别对应 5、4、3、2、1 分，乘以各项目的权重，最后求加权和。

**表 3-1　首页效果图评价表**

| 评价项目（权重） | 具体指标 | 学生自评等级 | 老师评价等级 |
|---|---|---|---|
| 作品内容（25%） | 内容完整丰实，思想健康、积极向上，表现一个主题 | | |
| 动画画面（25%） | 设计合理，画面转换恰当，熟练掌握工具箱、面板、层、时间轴、元件等的应用方法 | | |
| 美工要求（25%） | 动画画面颜色运用适当、美观、视觉效果好，并具有个人设计风格 | | |
| 创意要求（25%） | 动画作品富有新意，情节引人，有自己的特色 | | |

# 知识拓展

引导动画和遮罩动画是两种特殊的 Flash 动画，在制作中使用频率很高。这两种动画都需要由至少两个图层共同构成，因此制作方法相对普通动画而言较复杂。使用引导动画可以使对象沿设置的路径运动，使用遮罩动画可以制作不同的画面显示效果。

## 一、引导动画

引导动画由引导层和被引导层组成，引导层用于放置对象运动的路径，被引导层用于放置运动的对象。制作引导动画的过程实际就是对引导层和被引导层进行编辑过程。

引导动画必须通过引导层来创建，引导层是一种特殊的图层，在这个图层中可以绘制一条线段作为路径，让某个对象沿着这条路径运动，从而制作出沿路径运动的动画。引导层上的所有内容只作为对象运动的参考线，而不会出现在作品的最终效果中。

（一）创建引导层的常用方法有用按钮创建、菜单命令创建和将普通图层转换为引导层三种方式

1. 用按钮创建

单击图层控制区左下角的按钮，可在当前图层上方创建一个新的引导层，并且在原当前图层与新建的引导图层之间建立链接关系。

2. 用菜单命令创建引导层

在要创建引导层的图层上单击鼠标右键,从弹出的快捷菜单中选择"创建引导层"命令,即可在该图层上层创建一个与它链接的引导层。如图3-22所示。

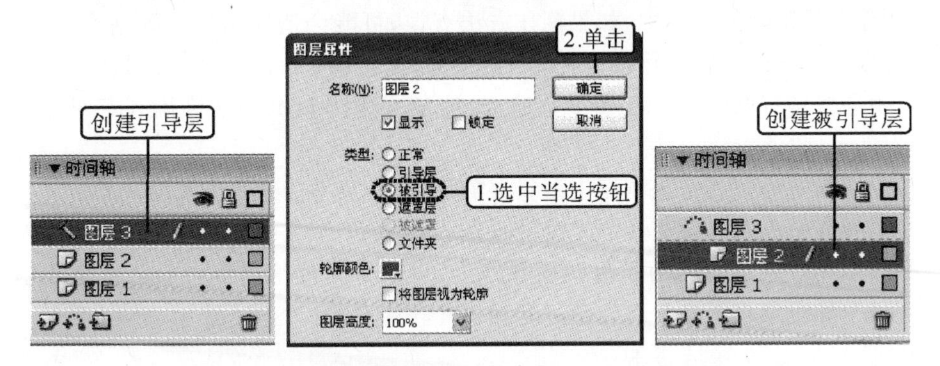


图3-22 通过菜单命令创建引导层和创建引导层的链接关系

3. 将普通图层转换为引导层

将普通图层转换为引导层的具体操作如下:

(1)双击要转换为引导层图层图标,打开"图层属性"对话框。

(2)在"类型"栏中选中引导层单选按钮,单击确定按钮。

(3)此时图层图标由变为。

(4)双击引导图层下层的图层图标,在打开的"图层属性"对话框中选中被引导单选按钮,即可在引导层与其下的图层之间创建链接关系。

如果引导层没有被引导的对象,或引导层和被引导层之间没有链接关系,它的图层会由图标变为图标。如在拖移被引导层中选中"图层2",按住鼠标左键将其向左下方拖动,被引导层图标与引导层图标对齐,引导层前面的图标变为图标,这时的引导层没有实际意义。如图3-23所示。

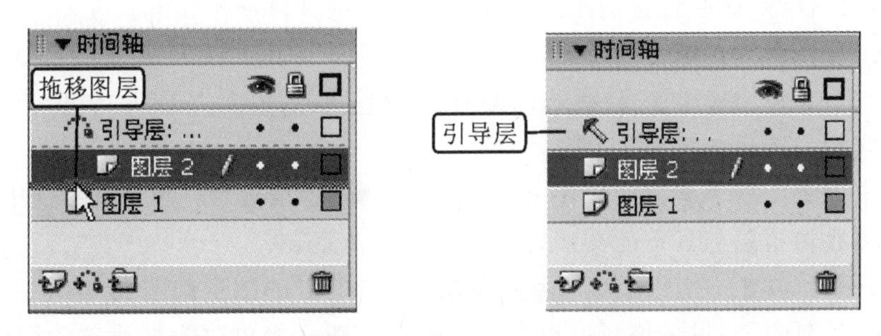


图3-23 拖移被引导层和没有引导对象的引导层

(二)引导动画制作方法

制作引导动画的具体操作如下:

(1)在普通层中创建一个对象。

(2)单击按钮,在普通层上层新建一个引导层,普通层自动变为被引导层。

(3)在引导层中绘制一条路径,然后将引导层中的路径沿用到某一帧。

(4)在被引导层中将对象的中心控制点移动到路径的起点。

(5)在被引导层的某一帧插入关键帧,并将对象移动到引导层中路径的终点。

(6)在被引导层的两个关键帧之间创建动作补间动画,引导动画制作完成。

在制作引导动画的过程中,如果制作方法有误,可能会造成引导动画创建失败,使被引导的对象不能沿引导路径运动。在制作引导动画过程中需要注意以下几点:

(1)引导线转折处的线条弯转不宜过急、过多,否则 Flash 无法准确判定对象的运动路径。

(2)引导线应为一条从头到尾连续贯穿的线条,线条不能出现中断的现象。

(3)引导线中不能出现交叉与重叠的现象。

(4)被引导对象必须准确吸附到引导线上,也就是元件编辑区中心必须位于引导线上,否则被引导对象将无法沿引导路径运动。

## 二、遮罩动画

遮罩动画由遮罩层和被遮罩层组成。遮罩层用于放置遮罩的形状,被遮罩层用于放置要显示的图像。

遮罩动画通过遮罩层创建。遮罩层是一种特殊的图层,使用遮罩层后,遮罩层下面的被遮罩层中的内容就像透过一个窗口显示出来一样,这个窗口的形状即为遮罩层中的内容形状。当在遮罩层中绘制对象时,这些对象具有透明效果,可以显示出图形位置的背景。

将普通图层转换为遮罩层的方法有两种:菜单命令转换和使用“图层属性”对话框。

### (一)用菜单命令转换

在要转换为遮罩层的图层上单击鼠标右键,从弹出的快捷菜单中选择“遮罩层”命令,即可将该图层转换为遮罩层,并与其下层图层建立链接关系。

### (二)用“图层属性”对话框转换

用“图层属性”对话框将普通图层转换为遮罩层的具体操作如下:

(1)双击要转换为遮罩层的图层图标,打开“图层属性”对话框。

(2)在“类型”栏中选中⊙遮罩层单选按钮,单击 确定 按钮。

(3)此时图层图标由变为。

(4)双击遮罩图层下层的图层图标,在打开的“图层属性”对话框中选中⊙被遮罩单选按钮,即可在遮罩层与其下的图层之间创建链接关系。

遮罩层图标为。将图层转换为遮罩层,并与下方的图层建立链接关系后,被遮罩层图标比遮罩层图标缩进一格。遮罩层下层的图层图标将更改为被遮罩的层图标,成为被遮罩层。被遮罩层中的内容会透过遮罩层中的填充区域显示出来。

### (三)遮罩动画的制作方法

遮罩动画的制作原理就是通过遮罩层来决定被遮罩层中的显示内容,以此出现动画效果。制作简单遮罩动画的具体操作如下:

(1)创建或选取一个图层,在其中设置将在遮罩中出现的对象。

(2)选取该图层,再单击图层区域的按钮,在其上新建一个图层。

(3)在遮罩层上编辑图形、文字或元件的实例。

(4)选取作为遮罩层的图层,单击鼠标右键,在弹出的快捷菜单中选择“遮罩层”命令。

(5)锁定遮罩层和被遮住的层即可在 Flash 中显示遮罩效果。

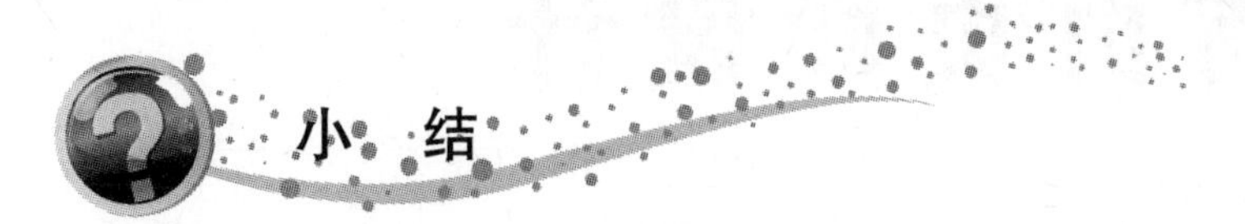

## 小结

Flash 以其独特的特点被广泛用于网络动画设计和多媒体创作领域中,深受用户的喜欢。作为 Flash 的初学者,不要急于求成,应该循序渐进,先掌握动画制作的基本方法,掌握各种元件的制作和各种工具的使用,合理安排知识,并结合相应的实例进行练习。只要持之以恒,就一定可以要做出理想的作品。

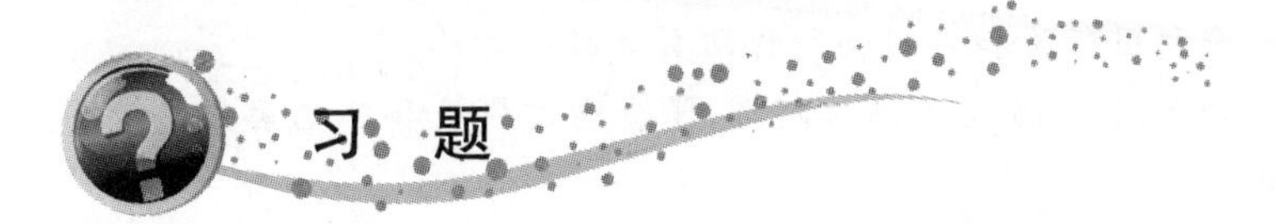

## 习题

1. 运用动画 Flash 的优势,制作一个服饰类的导航。
2. 设计一个宣传化妆品的浮动广告,广告要求是 GIF 动画。
3. 利用 Flash 动画软件制作一个宣传电脑的通栏广告。

# 学习情境4

# 首页页面设计

知识目标：

1. 掌握站点建立和管理，网页布局。
2. 熟练掌握使用文本和图像编辑网页及网页链接。
3. 掌握 Dreamweaver 8.0 中表格、框架及层的使用。
4. 了解多媒体元素及常用特效的运用。
5. 掌握表单的设计。
6. 了解利用行为和时间轴制作网页动画的方法。
7. 学会利用 CSS 技术编辑网页，学会通过模板和库元素创建网页的方法。

能力目标：

1. 掌握 Dreamweaver 网页编辑软件的使用。
2. 能利用 Dreamweaver 软件完成页面的整体框架设计。
3. 能掌握文字、图片、标签、表单、列表、多媒体等元素的设计技巧。
4. 能够把握视觉元素的搭配。
5. 学会规划网站。

## 任　务

在前面学习情境的基础上，对准备好的素材利用 Dreamweaver 8.0 软件生成网页，本学习情境完成时，应提交一个销售鞋业网站的页面，并对所做的网页进行演讲、讨论和评价。

## 知识准备

通过前期网站的规划，准备了相关素材后，就可借助 Dreamweaver 8.0 来制作具体的网页。

### 一、创建站点

（一）构建本地站点

要创建本地站点，首先要在根目录下创建文件夹，并且文件夹名称必须是字母或数

字,然后才能开始创建本地站点,具体操作步骤可以如下:

(1)单击菜单栏上的“站点”—“新建站点”,在随后打开的窗口上方有“基本”和“高级”两个标签,这里选择“基本”标签,弹出对话框,在该界面中“您打算为您的站点起什么名字?”下的文本框中,输入站点的名字。此名字可根据用户网站的主题确定,如此处输入“福建省国际电子商务中心”或“FIECC”。若用户还没有申请到主机空间或域名,其中站点的 HTTP 地址可以暂不填写。如图 4-1 所示,然后单击“下一步”按钮。

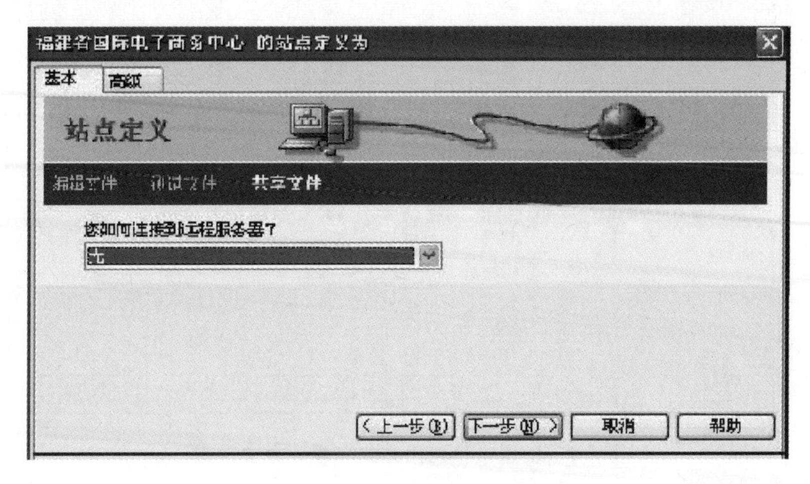


图 4-1 站点定义

(2)在弹出的如图 4-2 所示的对话框中,对“是否使用服务器”,默认选择“否,我不想使用服务器技术”单选按钮,书中建立的是静态站点,不涉及服务器技术,所以选择该项,然后单击“下一步”按钮。

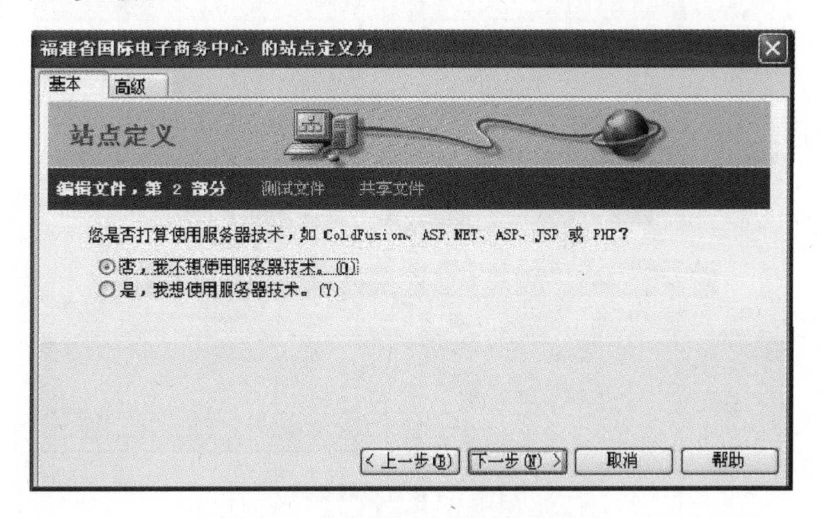


图 4-2 定义连接使用服务器的方式

(3)在弹出的如图 4-3 所示的对话框中,由于一般都是在自己的计算机上编辑网页,然后通过 FTP 工具上传到远程 Web 服务器,所以选择第一项“编辑我的计算机上的本地副本,完成后再上传到服务器”选项。然后在下方“您将把文件存储在计算机的什么位置?”下面的文本框里输入打算在自己的计算机上存放网站的路径,也可通过单击后面的文件夹图标,打开“选择本地”对话框后选择需要存放站点文件的位置,此处的根文件夹设为 E:\web\。

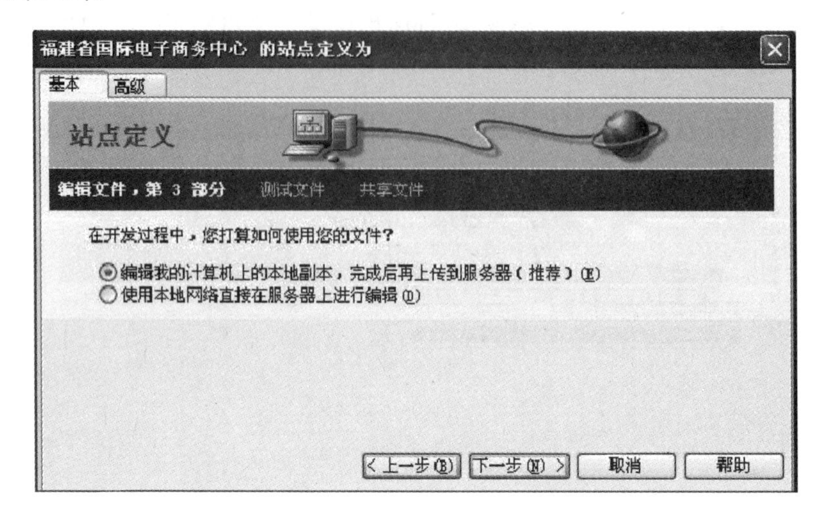


图 4-3 设置文件使用方式和本地根文件夹

(4)完成上述操作后,单击“下一步”按钮后,弹出如图 4-4 所示的“连接远程服务器”对话框,在此选择“无”选项。可以等完成网站制作后,再使用 FTP 工具和远程 Web 服务器打交道。

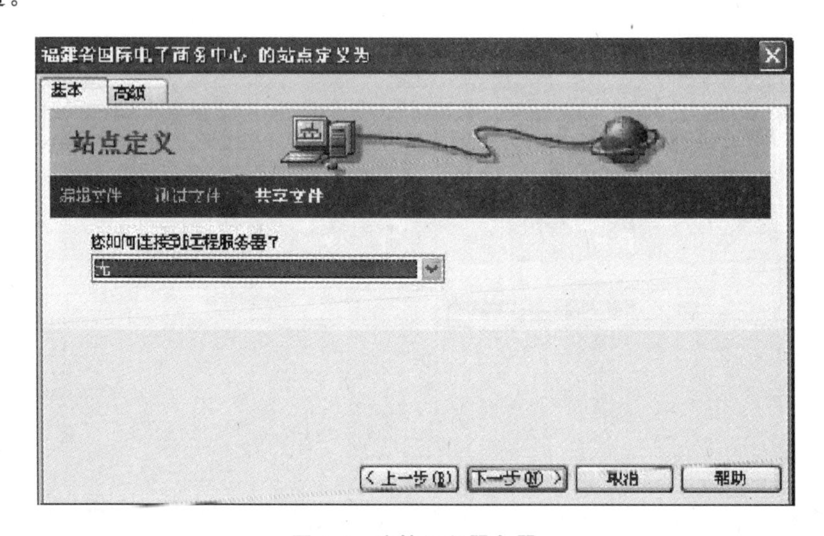


图 4-4 连接远程服务器

(5)再次单击“下一步”按钮后,弹出如图 4-5 所示的“站点定义结束”对话框,这时可看到刚才所设置的全部内容。若有不满意之处,可按“上一步”按钮返回修改直至满意,最后单击“完成”按钮,完成对站点的定义。

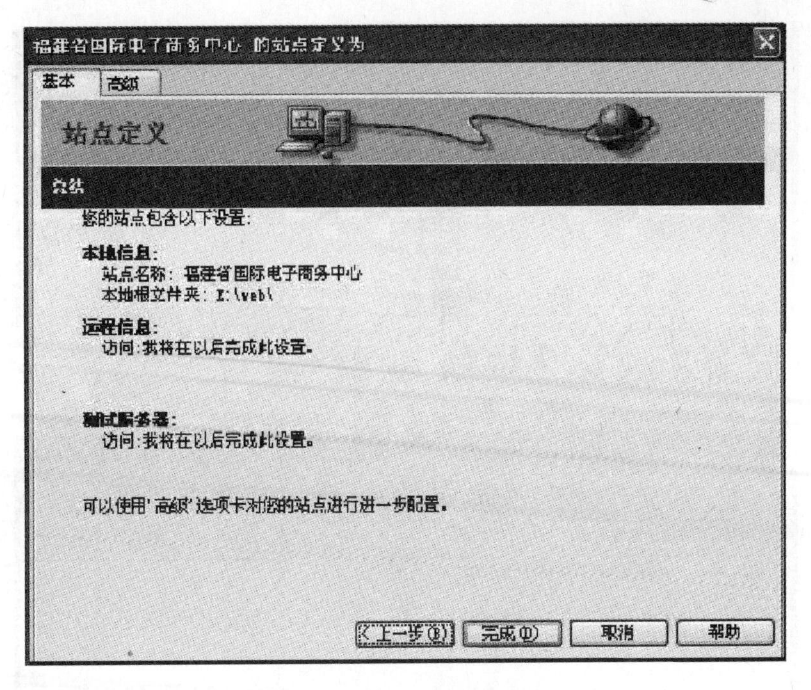


图 4-5　站点定义总结信息

(6)在单击"完成"按钮后,单击 F8 打开"文件"面板,则面板对应出现了刚才新建的站点,如图 4-6 所示。若要修改站点的定义属性,可以选择菜单栏中的"站点"—"管理站点"。至此,就完成了站点的创建。

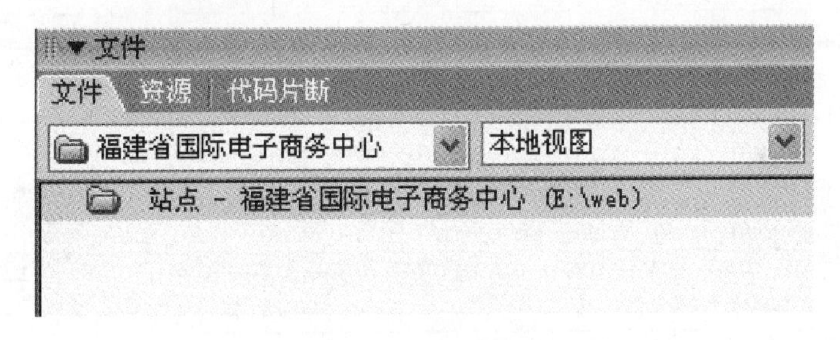


图 4-6　文件面板

(二)搭建站点结构

1. 新建文件夹

站点是文件与文件夹的集合,对刚才创建的站点新建文件夹和文件,在"文件"面板的站点根目录下单击鼠标右键,如图 4-7 所示,从弹出菜单中选择"新建文件夹"项,然后给文件夹重命名。这里新建 2 个文件夹,分别命名为 images 和 css,如图 4-8 所示。

2. 新建文件

在"文件"面板的站点根目录下单击鼠标右键,从弹出菜单中选择"新建文件"项,然后给文件重命名。首先要添加首页,因此把 untitled. html 先改名为 index. html,如图 4-9 所示。

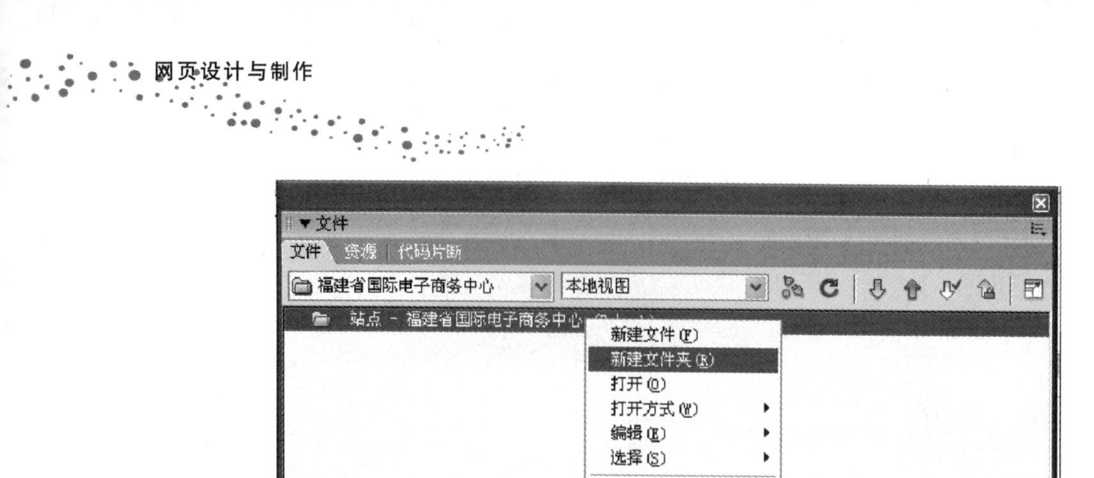


图 4-7 新建文件夹

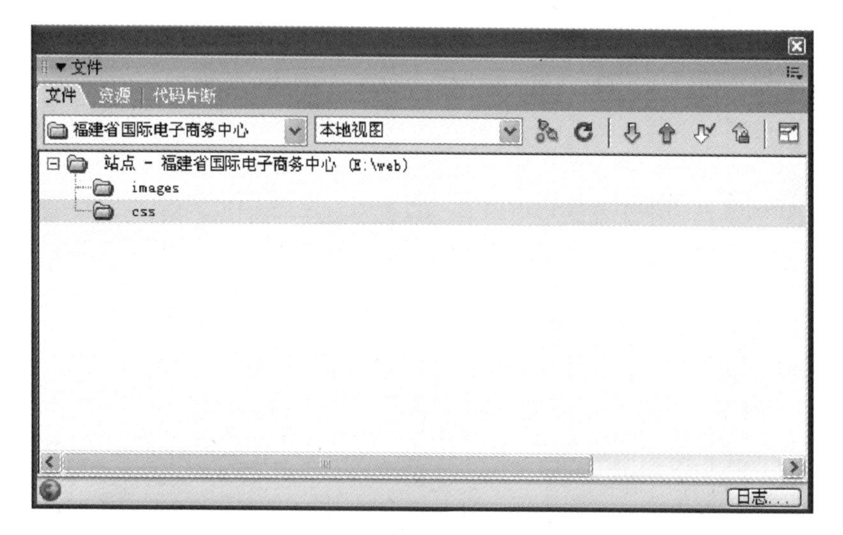


图 4-8 建好文件夹后的文件面板

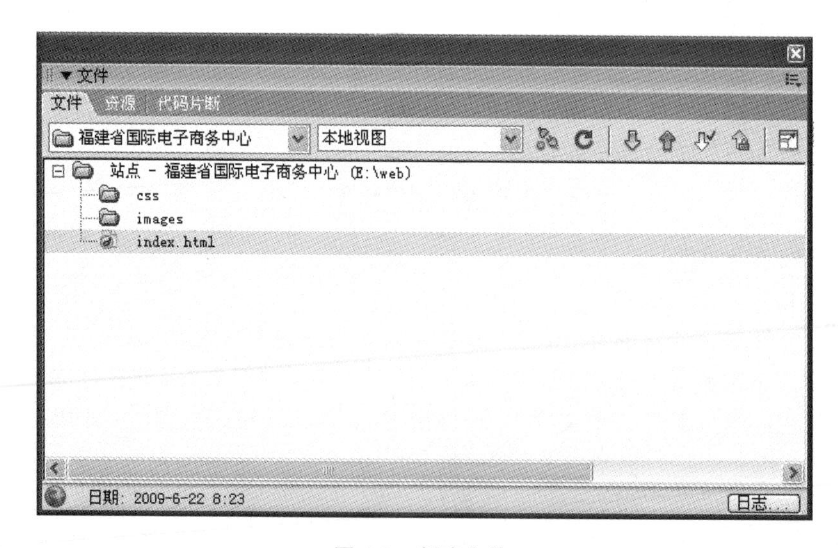


图 4-9 新建文件

3. 文件与文件夹的管理

对建立的文件和文件夹,可以进行移动、复制、重命名和删除等基本的管理操作。单击鼠标左键选中需要管理的文件或文件夹,然后单击鼠标右键,在弹出菜单中选"编辑"项,即可进行相关操作。

## 二、创建基于表格的页面布局

表格的基本功能是罗列与显示数据,它以简洁和高效快捷的方式将图片、文本、数据和表单的元素有序地显示在页面上。在 Dreamweaver 中,表格除了可以显示数据外,最主要的功能是定位和排版。使用表格排版的页面在不同平台、不同分辨率的浏览器里都能保持其原有的布局,而且在不同的浏览器平台有较好的兼容性,因此它是网页设计制作中不可缺少的元素,是网页中最常用的排版方式之一。

(一)创建布局表格

1. 表格布局实例

布局就是从整体上对网页进行设计,把复杂的网页分为多个部分。一个页面可能有多种布局和实现的方法,如"福建省国际电子商务中心"网页中的二级页面"产品"的网页,如图 4-10 所示,可以分成以下 4 行 2 列的布局形式;而图 4-11 中"福建师范大学"页面则可分成 4 行 3 列的布局形式。

图 4-10 4 行 2 列布局形式

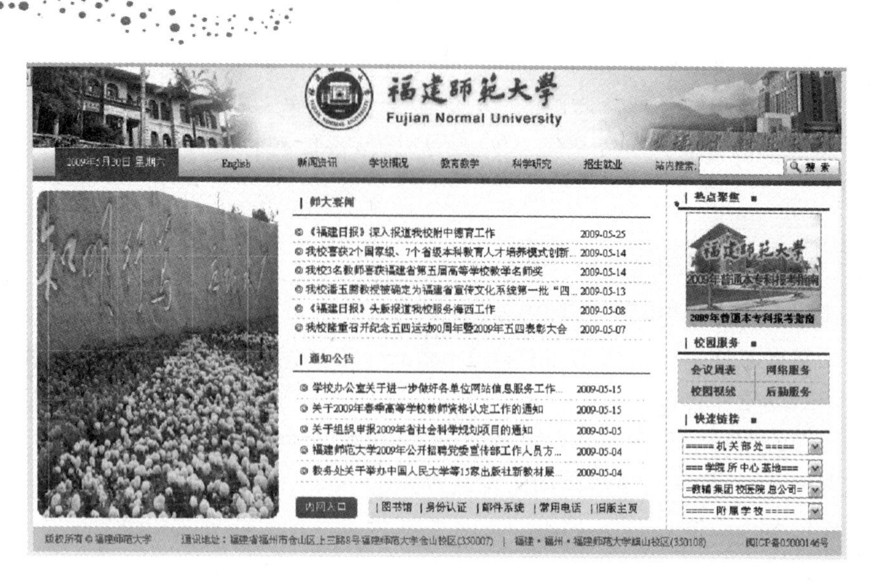


图 4-11　4 行 3 列布局形式

2. 布局表格绘制

进行表格布局的设计必须进入布局模式，如图 4-12 所示。

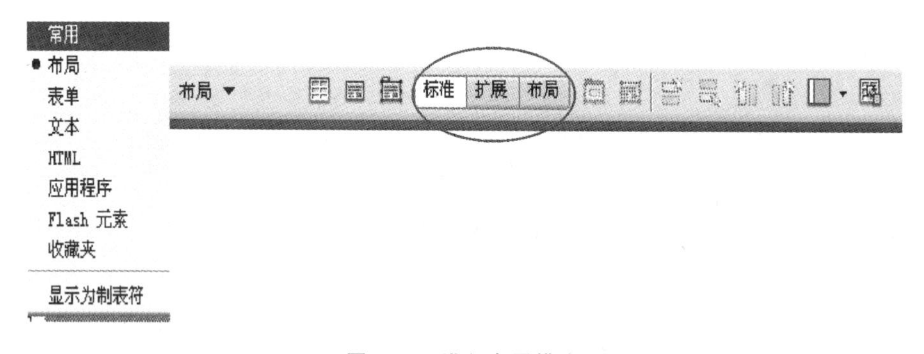


图 4-12　进入布局模式

在布局模式下可以进行网页整体布局的设计，在工具栏上有“标准”、“扩展”、“布局”三种模式。

标准模式：在该模式下可进行网页内容的设计。

扩展模式：可以方便地对表格和单元格进行选定和调整。

布局模式：在该模式下，可进行页面的布局。点击工具栏上的布局表格按钮 和布局单元格按钮 就会出现页面布局。图 4-13 为“福建省国际电子商务中心”的二级页面“产品”的布局页面。

绘制布局表格的基本原则是从上往下，并且对所绘制的表格可根据需要在“属性”面板中设置其宽和高，如图 4-14 所示。为了更清楚地查看布局的显示效果，可以为每一个布局表格添加背景颜色。

如果要在同一行中绘制多个布局表格，必须先添加一个作为容器的布局表格，然后在

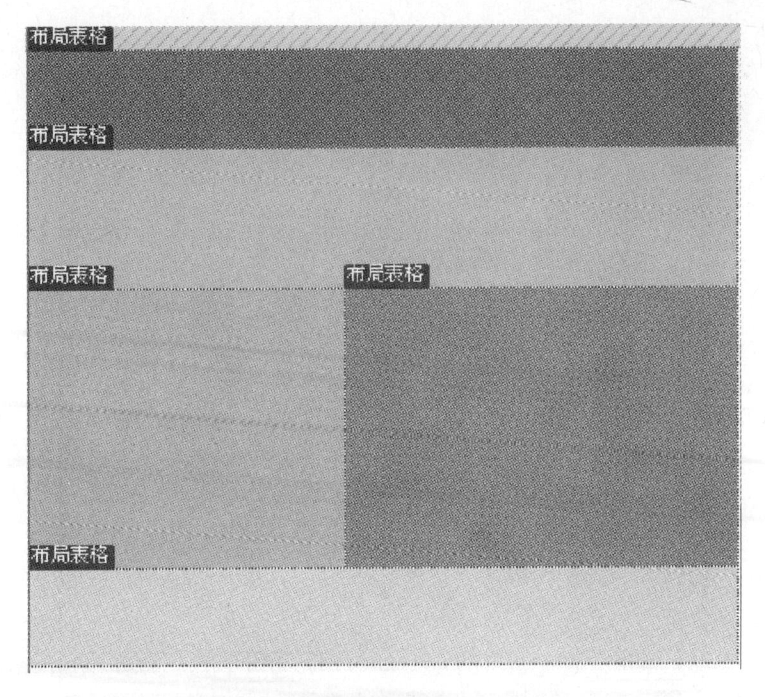


图 4-13 “福建省国际电子商务中心——产品”的布局页面

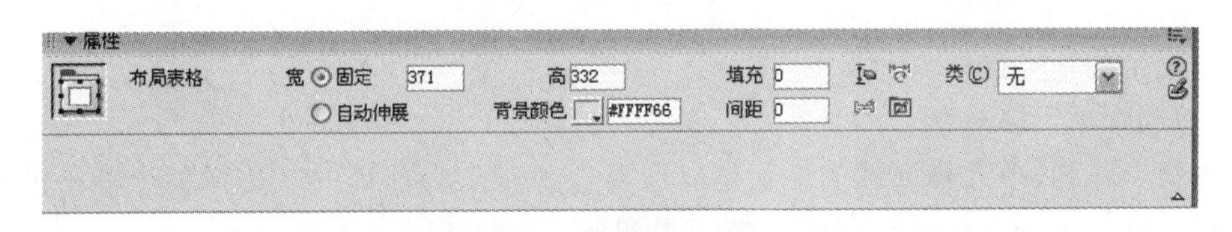


图 4-14 布局表格属性的设置

这个布局表格内部绘制多个布局表格。在绘制多列布局时，每一列尽量和容器高度相同，达到多列同高的效果。布局表格的居中通过表格的对齐属性来完成，表格的选定可以在标准模式或扩展模式中完成，多列的居中只需设置容器居中即可。

(二)创建表格

1. 插入表格

在文档窗口中，将光标放在需要创建表格的位置，在“插入”工具栏中，单击“布局”选项卡中的表格按钮 ，在“插入”工具栏的“常用”选项卡中也有一个表格按钮 。在弹出的“表格”对话框中设置相应的参数。如图 4-15 和图 4-16 所示。

图 4-15 常用工具栏的“表格”按钮

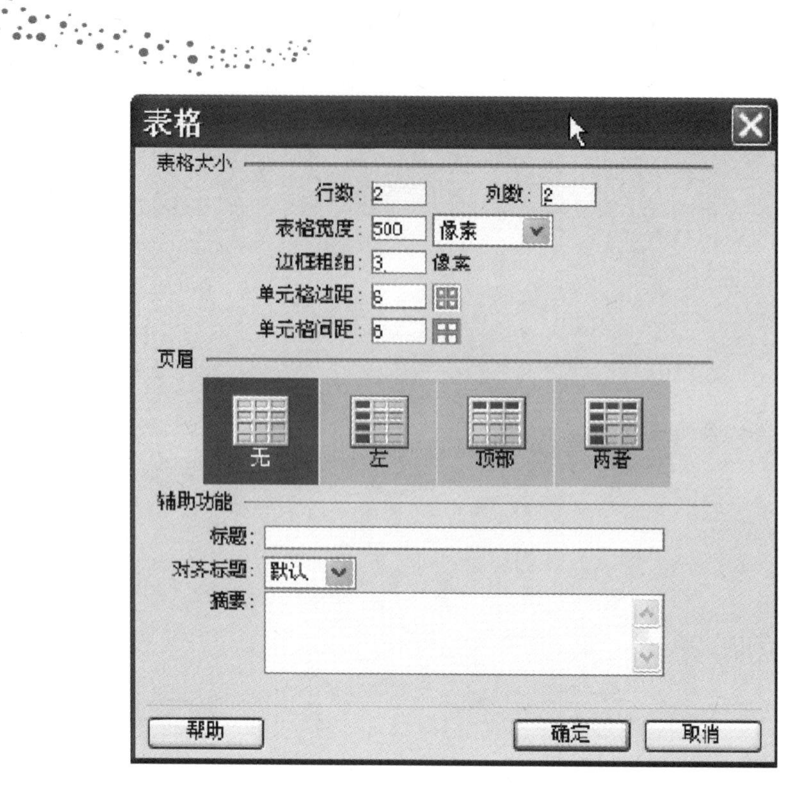


图 4-16 “表格”对话框

2. 表格的基本操作

(1)选择单元格对象

表格、行、列、单元格属性的设置是以选择这些对象为前提的。选择整个表格的方法是把鼠标放在表格边框的任意处，当出现⇹这样的标志时单击即可选中整个表格；或在表格内任意处单击，然后在状态栏选中<table>标签即可；或在单元格任意处单击鼠标右键，在弹出菜单中选择“表格”—“选择表格”。

要选中某一单元格，按住 Ctrl 键，鼠标在需要选中的单元格单击即可，或者选中状态栏中的<td>标签。

要选中连续的单元格，按住鼠标左键从一个单元格的左上方开始向要连续选择单元格的方向拖动。要选中不连续的几个单元格，可以按住 Ctrl 键，单击要选择的所有单元格即可。

要选择某一行或某一列，将光标移动到行左侧或列上方，鼠标指针变为向右或向下的箭头图标时，单击即可。

(2)表格的行(列)插入与删除

选中要插入行或列的单元格，单击鼠标右键，在弹出菜单中选择“插入行”或“插入列”或“插入行或列”命令，如图 4-17 所示。

如果选择了“插入行”命令，在选择行的上方就插入了一个空白行；如果选择了“插入列”命令，就在选择列的左侧插入了一列空白列；如果选择了“插入行或列”命令，会弹出“插入行或列”对话框，可以设置插入行还是列、插入的数量，以及是在当前选择的单元格

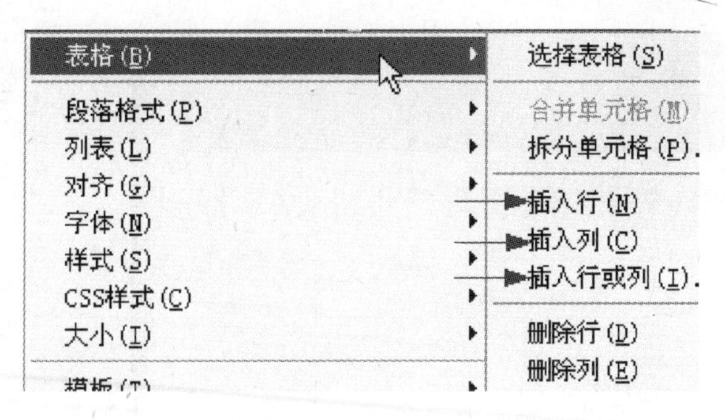


图 4-17　插入行或列

的上方或下方、左侧或是右侧插入行或列。

要删除行或列,选择要删除的行或列,单击鼠标右键,在弹出菜单中选择“删除行”或“删除列”命令即可。

(3)拆分与合并单元格

拆分单元格时,将光标放在待拆分的单元格内,单击“属性”面板上的“拆分”按钮,在弹出的对话框中按需要设置即可,如图 4-18 所示。

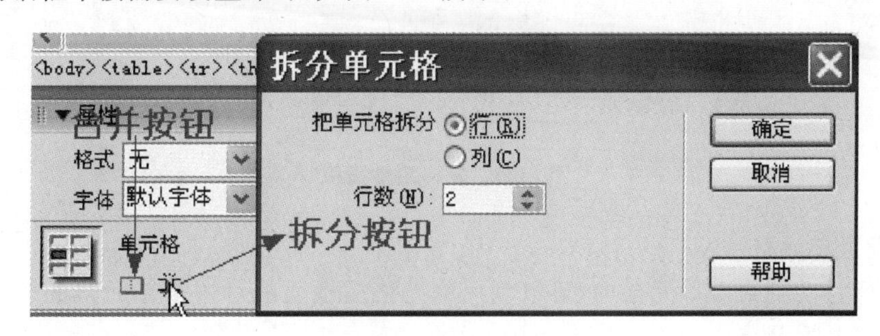


图 4-18　拆分单元格

合并单元格时,选中要合并的单元格,单击“属性”面板中的“合并”按钮即可。

3. 表格中的网页元素

在网页文档中创建表格后,就可以将文本与图像插入其中。

(1)表格中的文本

在输入文本之前,首先插入一个 1 行 1 列的表格,然后将光标放置在表格中,即可输入文本。

(2)表格中的图像

表格中的图像分为普通图像和背景图像。其中普通图像的插入与文本输入顺序相同,首先插入表格,然后将光标放置在表格中,单击“插入”—“图像”即可在表格中插入图像。

表格中背景图像的插入需要选中整个表格,然后单击“属性”面板中的“背景”文本框中右侧的浏览文件按钮。也可以如图 4-19 所示给文本框加上链接路径,选择图像文件插入。

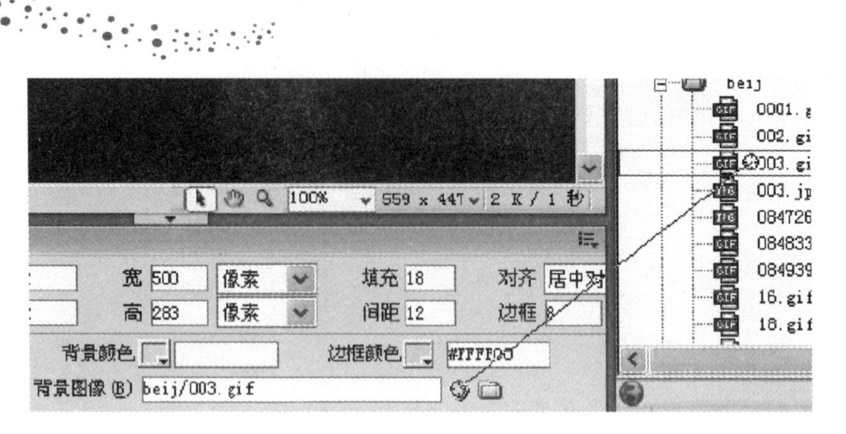


图 4-19　插入背景图像

4. 设置表格属性

(1)设置表格属性

选中一个表格后，可以通过表格属性面板更改表格属性，如图 4-20 所示。

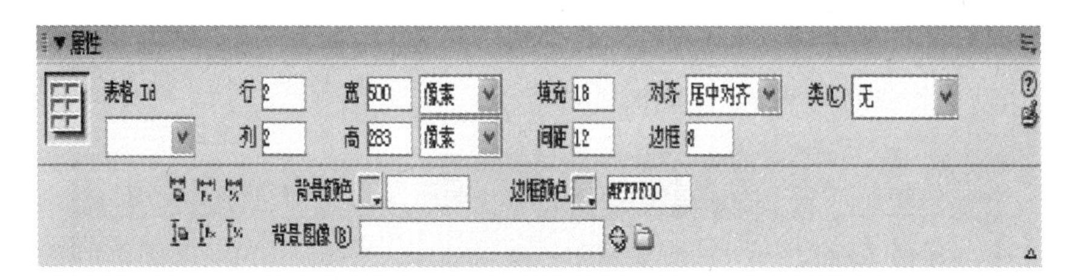


图 4-20　表格属性面板

(2)设置单元格属性

把光标移动到某个单元格内，可以利用单元格属性面板对这个单元格的属性进行设置，如图 4-21 所示。

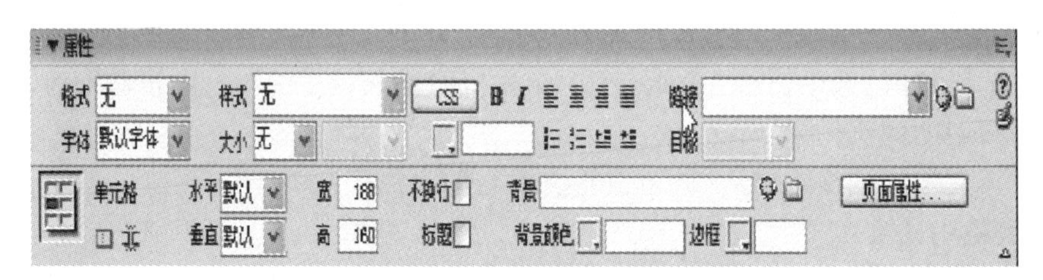


图 4-21　单元格属性面板

5. 表格的格式化

做好的表格可以使用 DW 提供的预设外观，可以提高制作效率，保持表格外观的同一性，同时样式提供的色彩搭配也比较美观。

在“属性”面板中，设置表格“边框颜色”为淡蓝色(＃66CCFF)，“背景颜色”为浅绿色(＃CCFFFF)，“背景图像”插入“D:hfp\lx\picture\5－4－2”，设置单元格“边框颜色”为蓝色(＃6699FF)，效果如图 4-22 所示。

为了更有效地处理网页中的表格和表格内容，选择表格，居中对齐表格后，执行“命

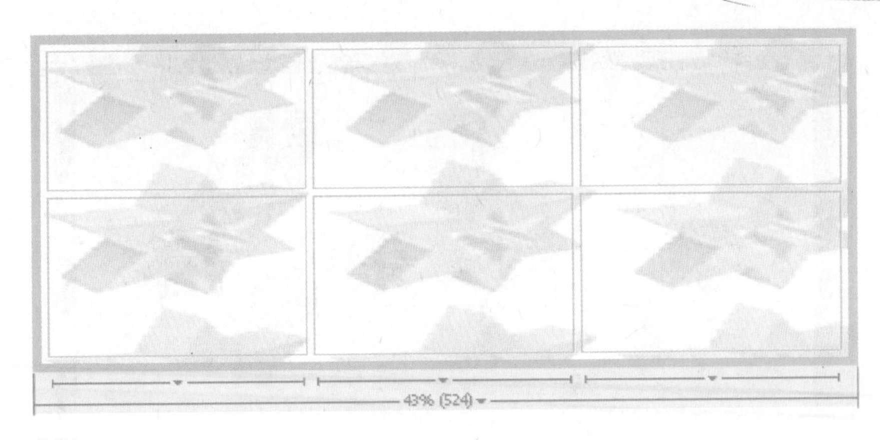


图 4-22　格式化表格

令”—“格式化表格”,弹出对话框,DW 提供了多种自动处理功能,包括格式化表格外观、自动排序表格内容、导入表格式数据等。图 4-23 中的网页左侧表格为格式化后的效果。

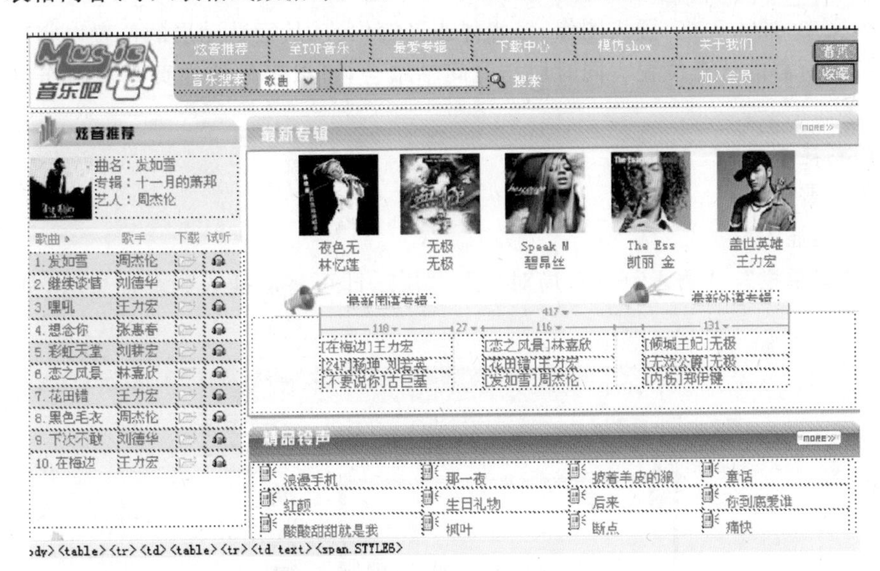


图 4-23　格式化表格

6. 嵌套表格

创建嵌套表格的操作方法是先插入总表格,然后将光标置于要插入嵌套表格的地方,继续插入表格即可。

通过嵌套表格,利用表格的背景图像、边框、单元格间距和单元格边距等属性可以得到漂亮的边框效果,图 4-24 是通过嵌套表格,设置宽度、高度、边框、单元格间距、单元格边距,以及插入背景图像而得到的。

## 三、创建层

层是网页设计中一种可重叠、具有透明性质、能够任意定位的独立性载体,用户可在

图 4-24　嵌套表格

层中输入文本，插入表格，置入图像、多媒体影音等内容，从而移动层的位置以实现将网页内容定位在所需的任意位置。同时层与时间轴结合，可以轻松地在页面上制作出动态效果。

（一）创建层

1. 创建普通层

方法一：插入层

选择“菜单栏”—“插入”—“布局对象”—“层”，即可将层插入到页面中去，如图 4-25 所示。

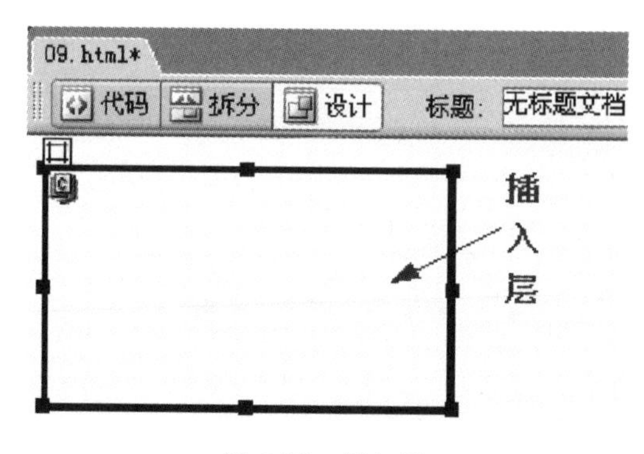


图 4-25　插入层

使用这种方法插入层，层的位置由光标所在的位置决定，光标放置在什么位置，层就在什么位置出现。选中层会出现六个小手柄，拖动小手柄可以改变层的大小。

方法二：绘制层

如图 4-26 所示，打开快捷栏的“布局”选项，单击“绘制层”按钮，在文档窗口内鼠标光标变成十字光标，然后按住鼠标左键，拖动出一个矩形，矩形的大小就是层的大小，释放鼠标层就会出现在页面中。

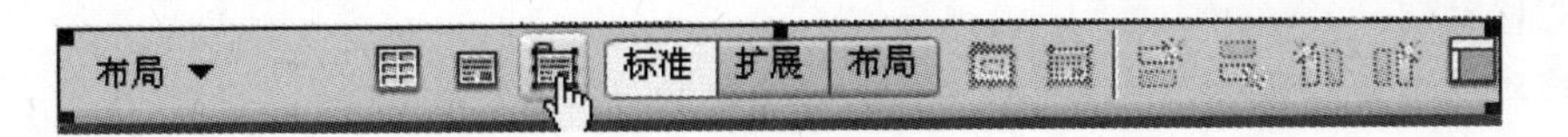


图 4-26　层的图标

2. 创建嵌套层

创建嵌套层就是在一个层内插入另外的层。将光标放在某层内,选择“菜单栏”—“插入”—“布局对象”—“层”,即可在该层内插入一个层,如图 4-27 所示。

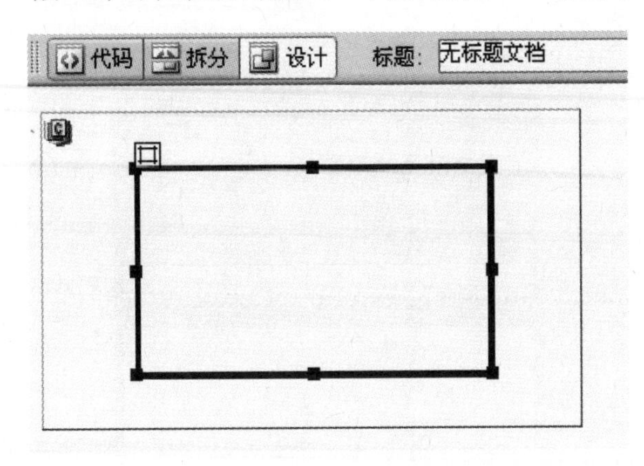


图 4-27　嵌套层

(二)层的基本操作

1. 激活层

在层中的任意位置单击鼠标左键,插入点光标会在该层中闪烁,表明该层已被激活,处于可编辑状态。

2. 选择层

单击层边框,若一次选择多个层,可按住 Shift 键的同时单击层的边缘,如图 4-28 所示。

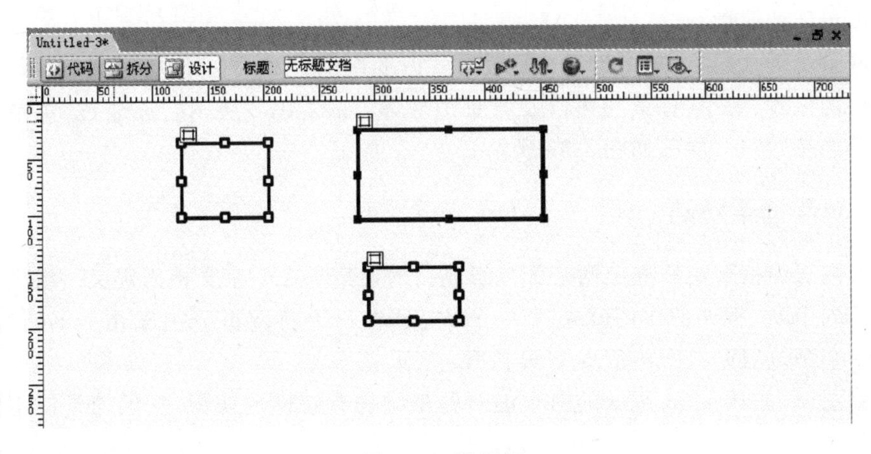


图 4-28　选择层

3. 移动层

移动层可使用鼠标选中并拖动层，或用键盘上的方向键移动。

4. 缩放层

缩放层可将鼠标移动到选中层的控制点上，拖动鼠标，调整其宽度和高度；也可在属性面板中设置。

5. 排列层

排列层可按 F2 键，打开“层”面板，选中要排列的层，按住鼠标并拖动到所需的位置进行调换，如图 4-29 所示。

图 4-29 排列层

6. 对齐层

选中要对齐的层，选择菜单栏上的“修改”，在下拉菜单中选择“排列顺序”中的“右对齐”即可，如图 4-30 所示。

7. 显示与隐藏层

在一些情况下，用户可以通过“属性”面板显示或隐藏某个层。如图 4-31 所示。

8. 设置层的属性

在网页中插入层后，除了手动与拖动方式改变层位置及大小外，也可通过“属性”面板来设置层的位置、大小、背景颜色以及背景图像等，如图 4-32 所示。或通过“菜单”—“编辑”—“首选参数”—“层”，如图 4-33 所示。

## 四、制作框架网站

框架网页由框架集和框架两个部分组成。框架集是在一个文档内定义一组框架结构的 HTML 网页。框架的作用就是在一个浏览器窗口下将网页分割成几个不同的区域，实现在一个浏览器窗口中显示多个 HTML 页面。

观察图 4-34、图 4-35 所示的网页能对框架结构有感性的认识，它们均是使用框架的页面。

通过上面的实例，可以看出使用框架集可以在一个浏览器窗口同时显示多个网页。

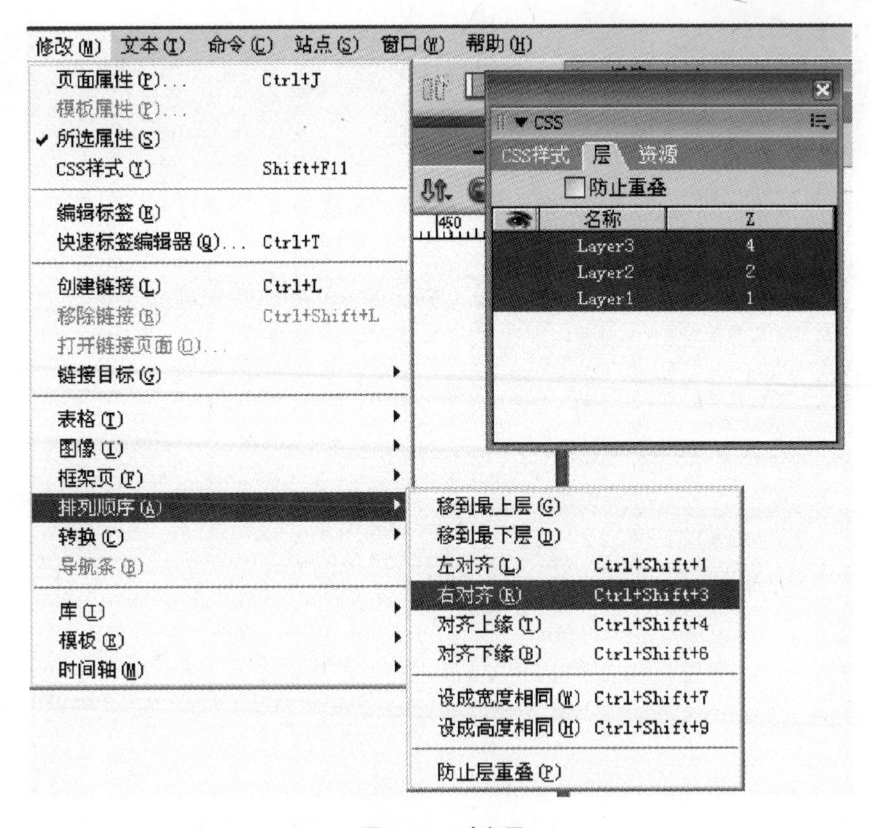


图 4-30 对齐层

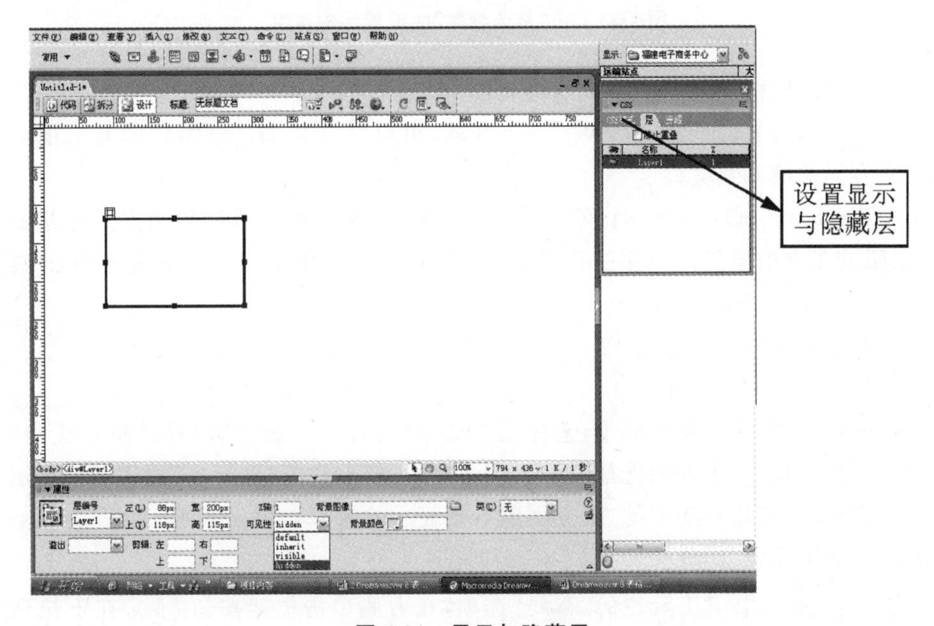


图 4-31 显示与隐藏层

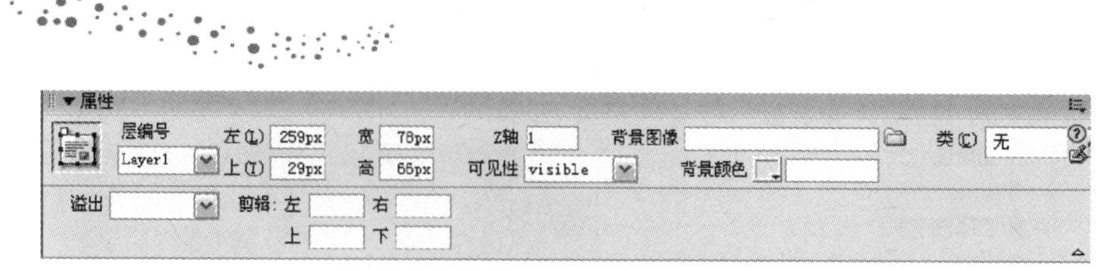


图 4-32　设置层的属性

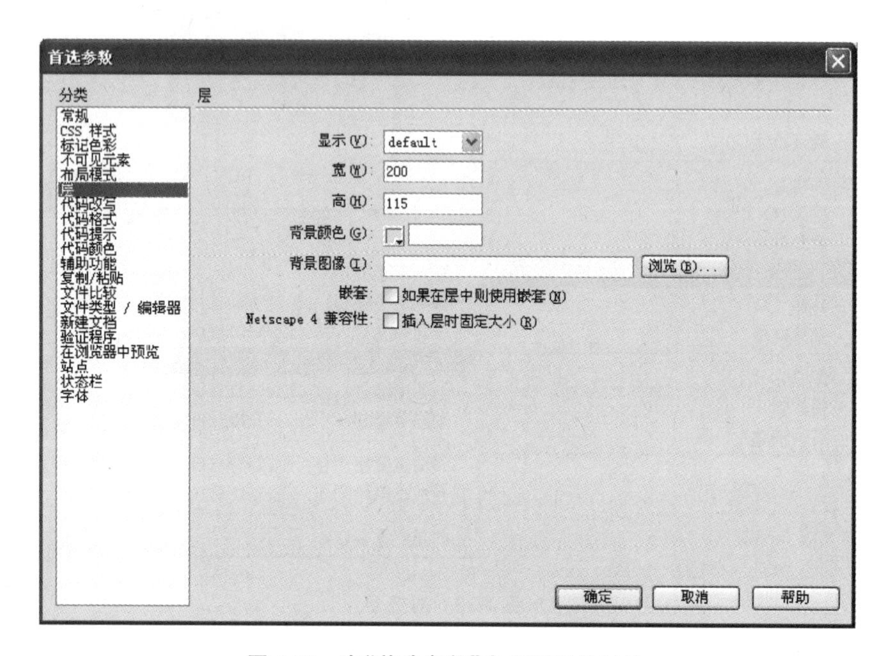


图 4-33　在"首选参数"中设置层的属性

一个框架结构由两部分网页文件构成：

框架(frame)：是浏览器窗口中的一个区域，可以显示与浏览器窗口的其余部分中所显示的内容无关的网页文件。

框架集(frameset)：也是一个网页文件，它将一个窗口通过行和列的方式分割成多个框架，框架的多少根据具体有多少网页来决定，每个框架中要显示的就是不同的网页文件。

(一)创建框架

1. 创建框架

方法一：插入预定义的框架集，选择菜单命令"文件"—"新建"，弹出"新建文档"对话框，在左边的"类别"列表框中选择"框架集"选项后，在右边的"框架集"列表框中显示几种常用的框架形式，若选择其中的"上方固定"，则显示的效果如图 4-36 所示。

若按住 Alt 键可以分割框架。

方法二：选择"插入"工具栏的"布局"选项，在右侧单击框架按钮 ，在下拉列表中选择"左侧框架"选项也可以建立一个左右框架。其中框架中的白色表示辅助框架，蓝色表示主要框架。

图 4-34 使用了框架的页面 1

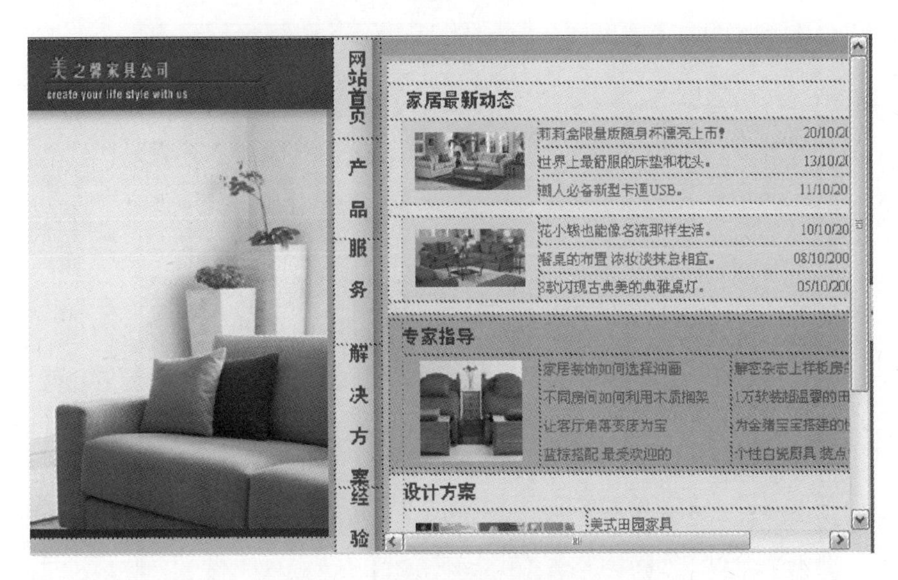


图 4-35 使用了框架的页面 2

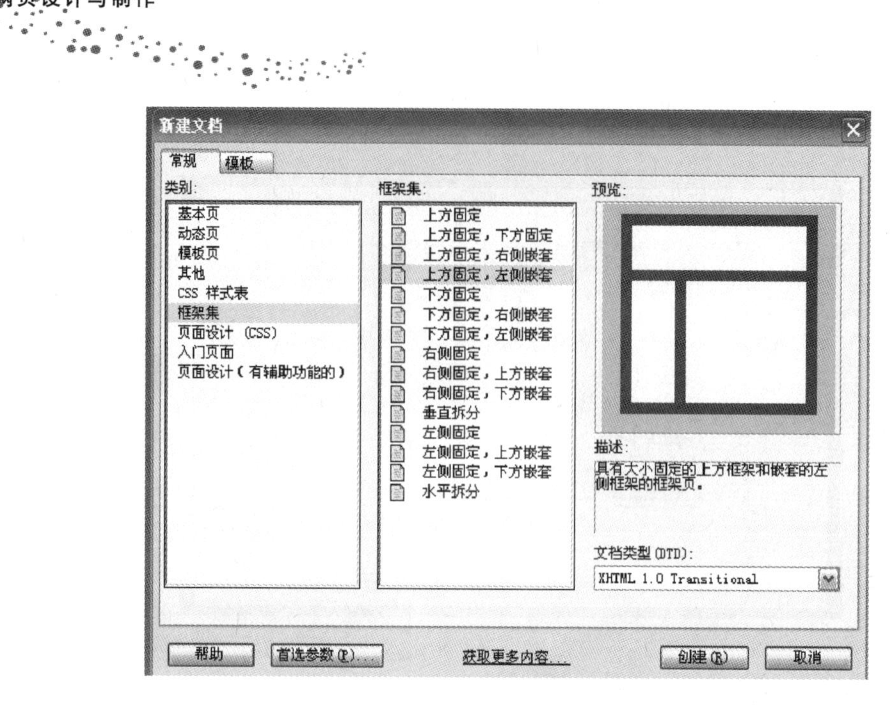


图 4-36 创建框架

在创建框架集或使用框架前,通过选择“查看”—“可视化助理”—“框架边框”命令,可以使框架边框在文档窗口的设计视图中可见。

2.创建嵌套的框架集

所谓嵌套的框架集,就是在一个框架集内插入另外的框架集。网络中很多较复杂的框架网页都是使用嵌套框架集,而且 Dreamweaver 默认定义的框架集大都使用嵌套,如图 4-37 所示为 Dreamweaver 默认定义的部分嵌套框架集。

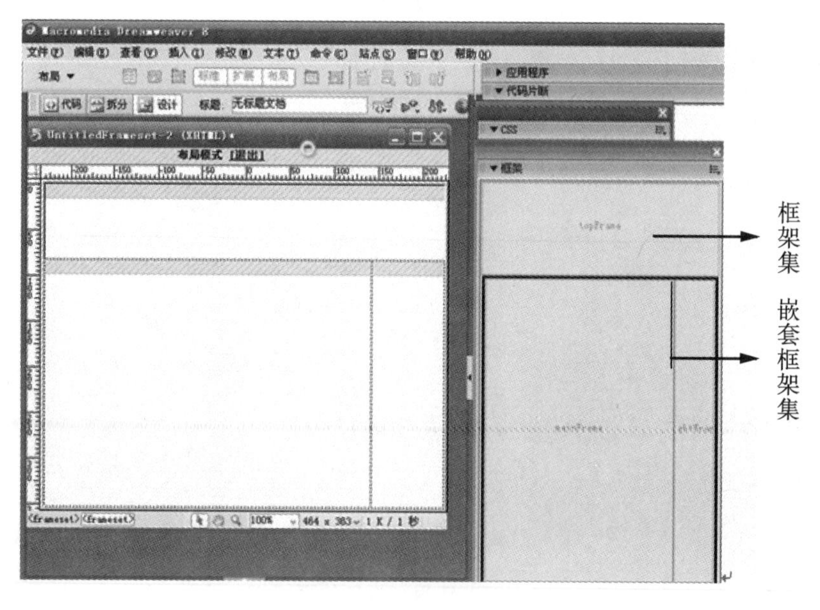


图 4-37 嵌套框架集

在 Dreamweaver 中,有两种方法可以在 HTML 文档实现嵌套框架集。

方法一:在创建文件时即定义内部框架集与外部框架集,例如通过 Dreamweaver 默认定义的嵌套框架集文档,即可创建已经嵌套的框架集。

方法二:打开"插入"面板的"布局"选项卡,然后单击框架按钮 ,从弹出的列表中选择框架类型即可。

(二)编辑框架

对框架进行编辑,首先要选择需要修改的框架。在按住 Alt 键的同时单击所需选择的框架即可,选中的框架由点虚线组成;若要选择整个框架,直接单击框架的边框即可。

1. 设置框架属性

选择框架后,打开"框架"面板,进行相关设置,如图 4-38 所示。

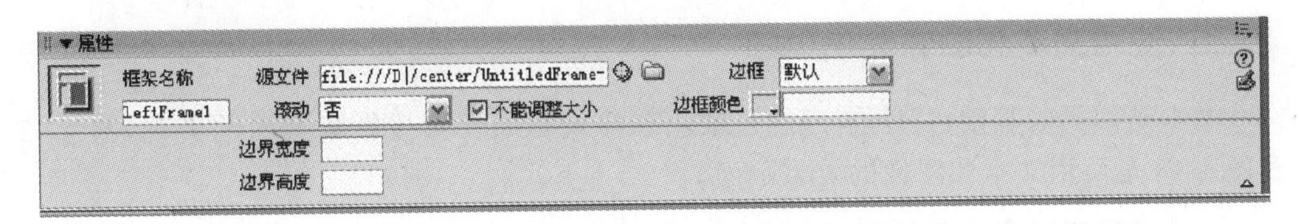


图 4-38 框架"属性"面板

2. 设置框架集属性

打开菜单栏上的"窗口",在下拉菜单中选择"框架",弹出"显示框架边框"的窗口,如图 4-39、4-40、4-41 所示,在该窗口中可以进行框架或框架集的选择。然后在"属性"面板中进行相应的设置。

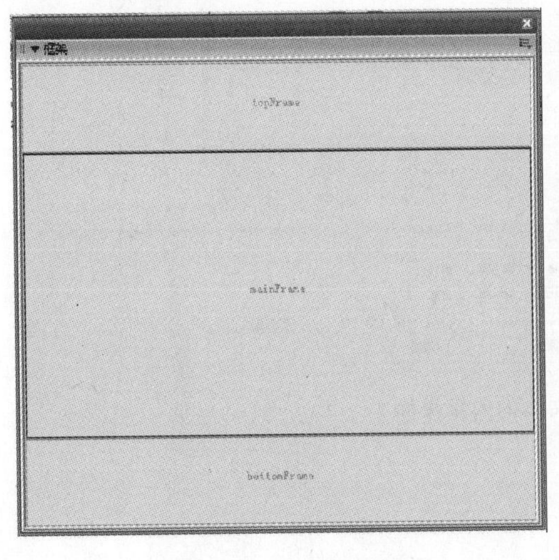


图 4-39 选中某个框架

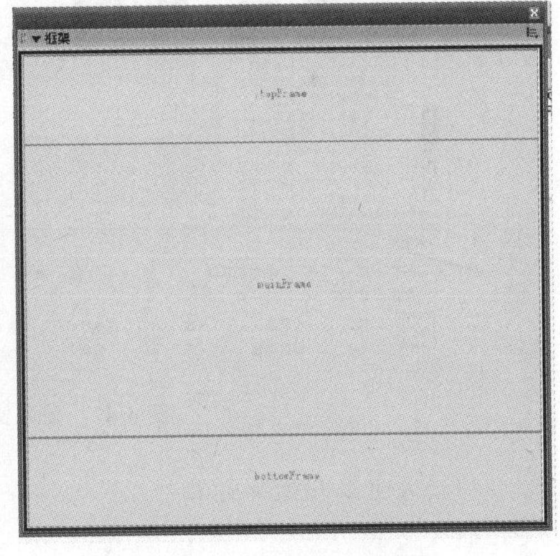


图 4-40 选中整个框架集

3. 删除框架

删除框架时,首先要选择需要删除的框架,当鼠标指针变为↔和↕形状时,拖动框架

图 4-41　框架集“属性”面板

的边框到相邻的边框即可。

4. 保存框架和框架集

选中框架或框架集，选择“文件”—“保存框架页”，则相应的框架或框架集就保存了，若选择“文件”—“保存全部”，则会弹出一系列的“另存为”对话框，Dreamweaver 会自动保存该框架页面的所有文档。

## 五、使用文本和图像美化页面

文本是网页的基础，其字体、大小、颜色和样式等属性直接影响页面的美观，图 4-42 和图 4-43 是使用文本和图像的效果页面。

图 4-42　使用文本的效果页面

(一)插入文本和编辑文本

1. 插入文本

要向 Dreamweaver 文档添加文本，可以直接在 Dreamweaver 的“文档”窗口中键入文本，也可以剪切并粘贴，还可以从 word 文档导入文本。

2. 编辑文本格式

网页的文本分为段落和标题两种格式。

图 4-43 使用图像的效果页面

在文档编辑窗口中选中一段文本，在属性面板“格式”后的下拉列表框中选择“段落”，把选中的文本设置成段落格式。如图 4-44 所示。

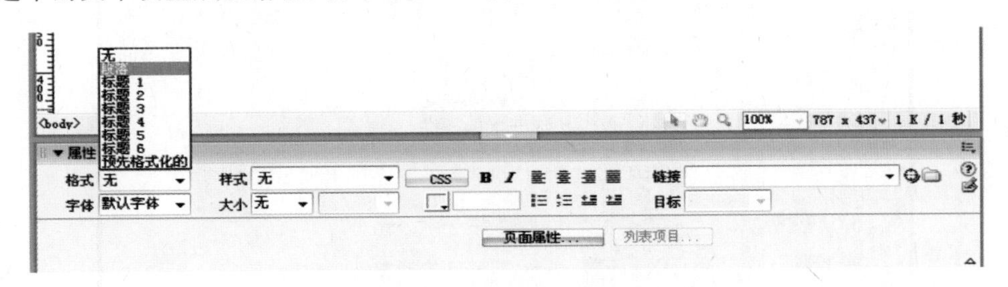


图 4-44 设置段落格式

其中在格式下拉菜单中“标题 1”到“标题 6”分别表示各级标题，应用于网页的标题部分。对应的字体由大到小，同时文字全部加粗。

对于文本换行，按 Enter 键换行的行距较大(在代码区生成<p></p>标签)，按 Enter＋Shift 键换行的行间距较小(在代码区生成<br>标签)。

另外，在“属性”面板中可以定义文字的字号、颜色、加粗、加斜、水平对齐等内容。

3. 插入其他常见对象

(1)插入日期:选择“插入”—“日期”，在弹出的对话框中选择相应的格式即可。

(2)插入特殊字符:要向网页中插入特殊字符，需要在快捷工具栏选择“文本”，切换到字符插入栏，单击文本插入栏的最后一个按钮，可以向网页中插入相应的特殊符号。如图 4-45 所示。

(3)插入水平线:水平线起到分隔文本的排版作用，选择快捷工具栏的“HTML”项，

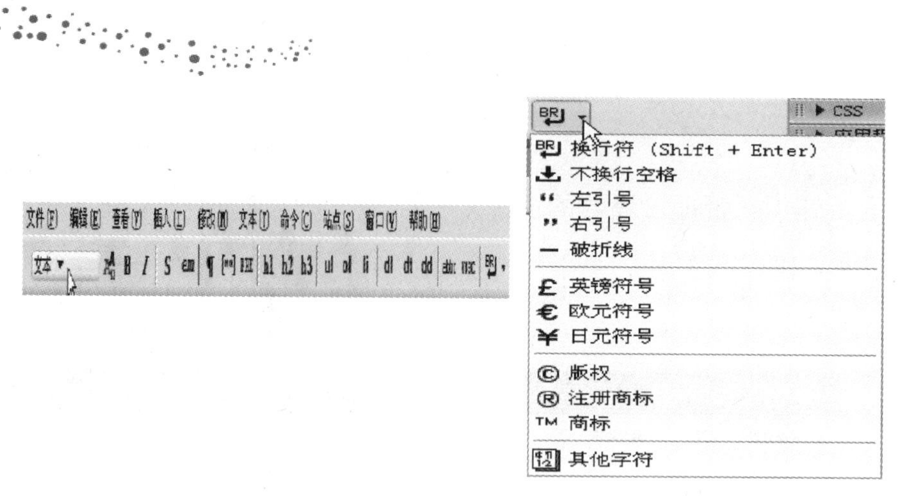


图 4-45　特殊字符

单击 HTML 栏的第一个按钮，即可向网页中插入水平线。选中插入的这条水平线，可以在“属性”面板中对它的属性进行设置。

(4)插入空格：选择“编辑”—“首选参数”，在弹出的对话框中左侧的分类列表中选择“常规”项，然后在右边选“允许多个连续的空格”项，就可以直接按空格键给文本添加空格了，如图 4-46 所示。

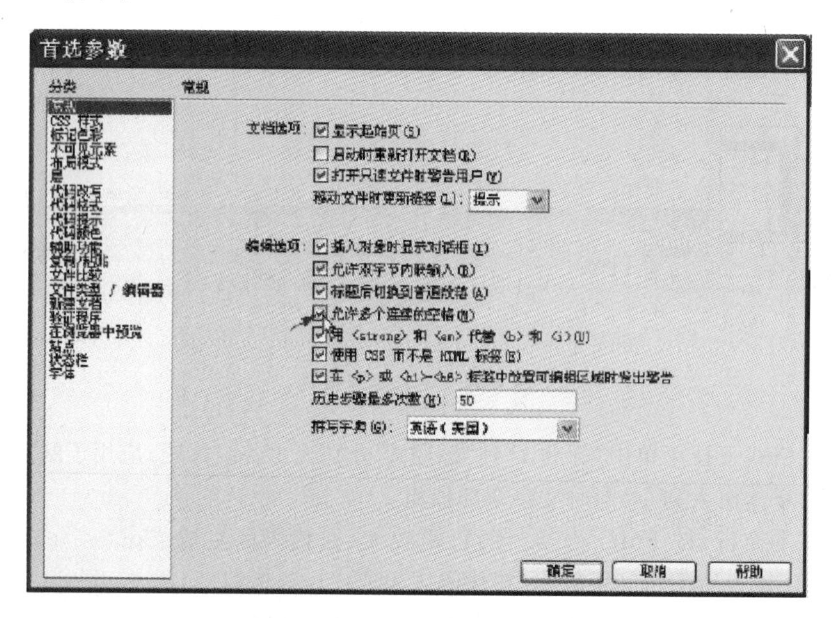


图 4-46　选择“允许多个连续的空格”

另也可以使用快捷方式：Ctrl＋Shift＋空格键插入空格。

(5)插入列表：列表分为两种，有序列表和无序列表。无序列表没有顺序，每一项前边都以同样的符号显示；有序列表前边的每一项有序号引导。在文档编辑窗口中选中需要设置的文本，在“属性”面板中单击，则选中的文本被设置成无序列表，单击则被设置成有序列表。

(二)插入图像

目前互联网上支持的图像格式主要有 GIF、JPEG 和 PNG,其中使用最为广泛的是 GIF 和 JPEG。

1. 插入图像

在制作网页时,先构想好网页布局,在图像处理软件中将需要插入的图片进行处理,然后存放在站点根目录下的文件夹里。

插入图像时,将光标放置在文档窗口需要插入图像的位置,然后用鼠标单击常用插入栏的"图像"按钮,如图 4-47 所示。

图 4-47 插入栏的"图像"按钮

注意:如果在插入图片的时候,没有将图片保存在站点根目录下,会弹出对话框,提醒用户要把图片保存在站点内部,这时单击"是"按钮,即可。

若选择本地站点的路径将图片保存,图像也可以被插入到网页中。

2. 设置图像属性

如图 4-48 所示,选中图像后,在属性面板中显示出了图像的"属性"面板。

图 4-48 图像"属性"面板

在"属性"面板的左上角,显示当前图像的缩略图,同时显示图像的大小。图像的大小是可以改变的,但是在 DW 里更改是极不好的习惯,如果电脑安装了 FW 软件,单击"属

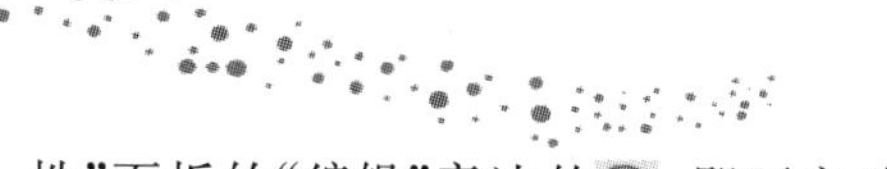


性”面板的“编辑”旁边的，即可启动 FW 对图像进行缩放等处理。

“水平边距”和“垂直边距”文本框：用来设置图像左右和上下与其他页面元素的距离。

“边框”文本框：用来设置图像边框的宽度，默认的边框宽度为 0。

“替代”文本框：用来设置图像的替代文本，可以输入一段文字，当图像无法显示时，将显示这段文字。

“目标”文本框：指定将在其中加载链接文档的框架或窗口。

_blank：在新的浏览器窗口中打开超链接。

_parent：在包含该链接的父框架集或窗口中打开超链接。

_self：在超链接所在的同一框架或窗口中打开超链接，此目标是默认的，因此通常不需要指定。

_top：在当前整个浏览器窗口中打开超链接，并删除该页面中的所有框架。

“低解析度源”：指定在载入主图像之前应该载入的图像。

单击属性面板中的对齐按钮，可以分别将图像设置成浏览器居左对齐、居中对齐、居右对齐。

在“属性”面板中，“对齐”下拉列表框是设置图像与文本的相互对齐方式，共有 10 个选项。通过它可以将文字对齐到图像的上端、下端、左边和右边等，从而可以灵活地实现文字与图片的混排效果。

（三）插入交互式图像

在单击常用插入栏的“图像”按钮时，可以看到，除了第 1 项“图像”外，还有“图像占位符”、“鼠标经过图像”、“导航条”等项目，如图 4-49 所示。

图 4-49 “图像”按钮的下拉菜单

1. 插入图像占位符

在布局页面时，如果要在网页中插入一张图片，可以先不制作图片，而是使用占位符来代替图片位置。单击下拉列表中的“图像占位符”，打开“图像占位符”对话框，按设计需要设置图片的宽度和高度，输入要插入图像的名称即可，如图 4-50 所示。

2. 鼠标经过图像

鼠标经过图像是一种图像交互技术，在浏览器中，使用光标指向某图像时，其将变换

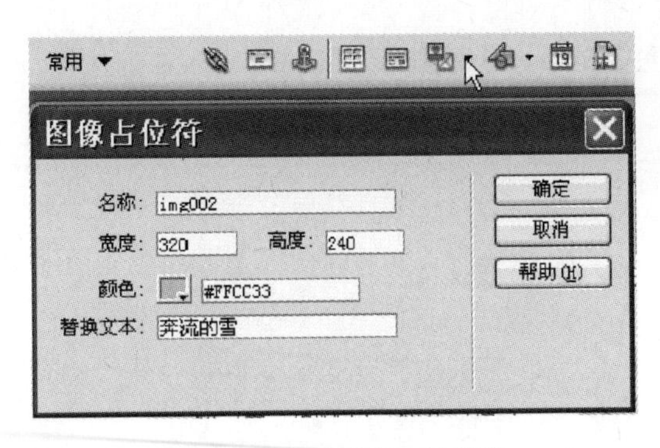


图 4-50 “图像”的下拉菜单

为另外一张图像,这两张图片要大小相等,如果不相等,DW 自动调整次图片的大小跟主图像大小一致。图 4-51 为“插入鼠标经过图像”对话框。

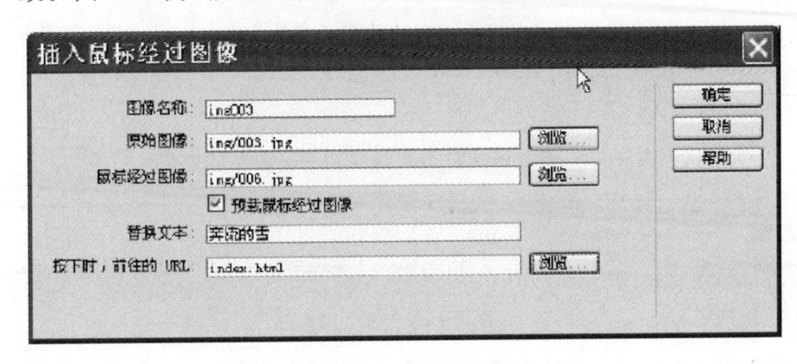


图 4-51 “插入鼠标经过图像”对话框

(四)插入表单

目前大多数网站,尤其是专业的网站,表单是必不可少的组成部分,如在线申请、在线购物和在线调查问卷等都用到表单,它是网站管理员和用户之间进行沟通的桥梁。

1. 插入表单

一个表单有三个基本组成部分:表单标签、表单域、提交按钮。图 4-52 为淘宝网的会员登录界面——表单的应用实例。

在网页中添加表单对象,首先必须创建表单,过程如下:

(1)创建表单:将插入点放在希望表单出现的位置,选择“插入”—“表单”,或选择“插入”栏上的“表单”类别,然后单击“表单”命令,如图 4-53 所示。创建好一个表单后,文件中会出现一个红色的线轮廓,若看不到,在菜单栏中“查看”—“可视化助理”中取消“隐藏所有”即可看到。

(2)设置表单属性:用鼠标选中表单,在属性面板上可以设置表单的各项属性,如图 4-54 所示。

在“动作”文本框中指定处理该表单的动态指令或脚本的路径。

在“方法”下拉列表中,选择将表单数据传输到服务器的方法。

POST:用标准输入方式将表单内的数据传送给服务器。

图 4-52　淘宝网的会员登录界面——表单的使用

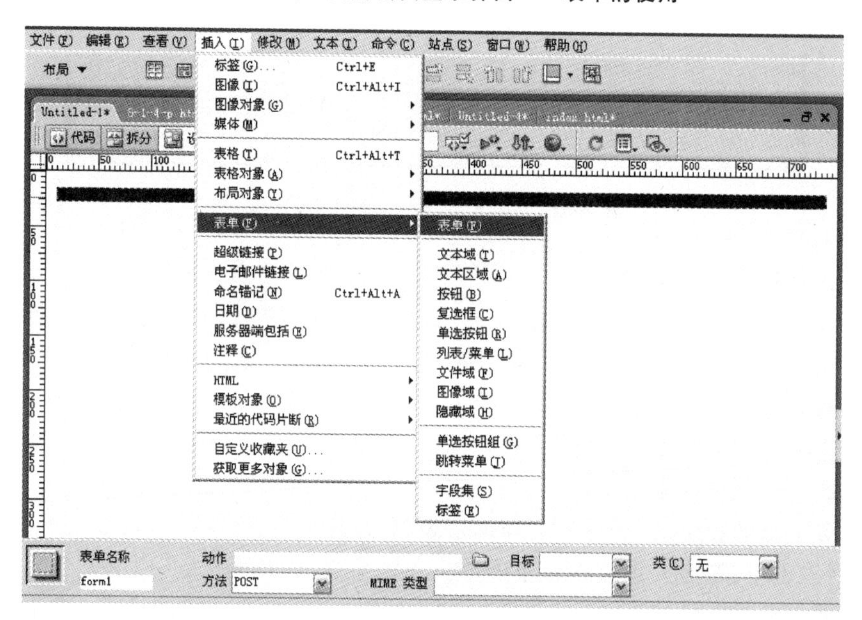


图 4-53　“插入表单”

图 4-54　表单属性面板

GET:表示将表单内的数据附加到 URL 后面传送给服务器,“默认”表示用浏览器默认的方式,一般默认为 GET。在发送长表单时一般不要使用 GET 方法,而且在发送机密用户名和密码、信用卡号或其他机密信息时,也不要使用 GET 方法,用 GET 方法传递信息不安全。

在“目标”弹出式菜单中指定一个窗口,在该窗口中显示调用程序所返回的数据。如果命名的窗口尚未打开,则打开一个具有该名称的新窗口,目标值有:

_blank:在未命名的新窗口中打开目标文档。

_parent:在显示当前文档的窗口的父窗口中打开目标文档。

_self:在提交表单所使用的窗口中打开目标文档。

_top:在当前窗口的窗体内打开目标文档。此值可用于确保目标文档占用整个窗口,即使原始文档显示在框架中。

MIME 类型:设置类型。

(3)创建表单对象:在文档中创建表单之后,就可以在其中添加表单对象,如文本域、复选框、单选框、按钮、列表、菜单、文件域、图像域、隐藏域以及跳转菜单等。

2. 表单实例

创建一个如图 4-55 所示的“天天书城”的图书订购表单。

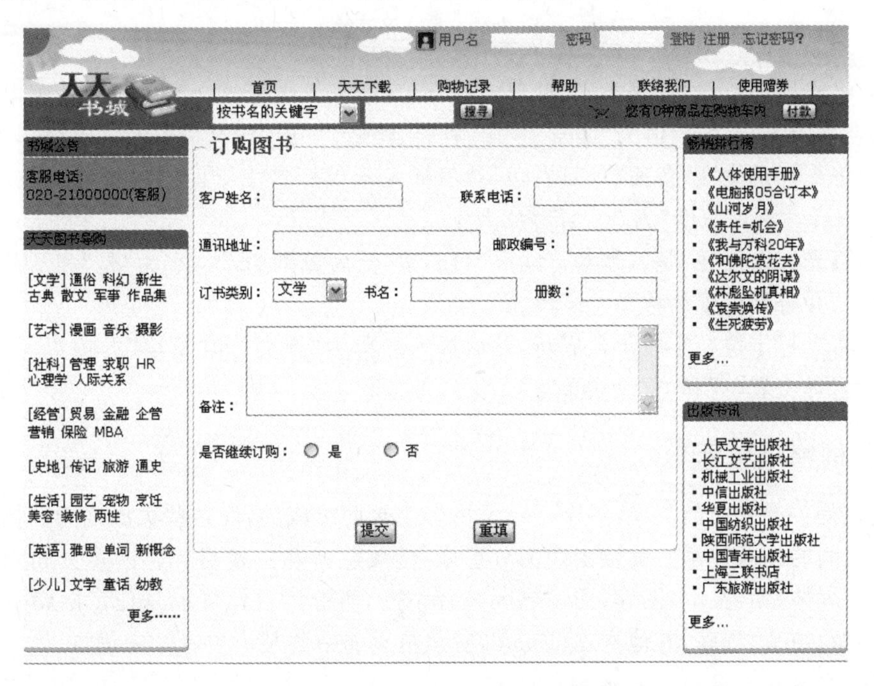


图 4-55 “天天书城”图书订购表单

创建过程如下:

(1)按要求先在网页上输入文本框,如图 4-56 所示。

(2)将光标定位在“客户姓名”项目右边,然后插入不带标签文字的文本字段对象,设置名称为 name,字符宽度为 20。用相同的方法设置其他文本字段。

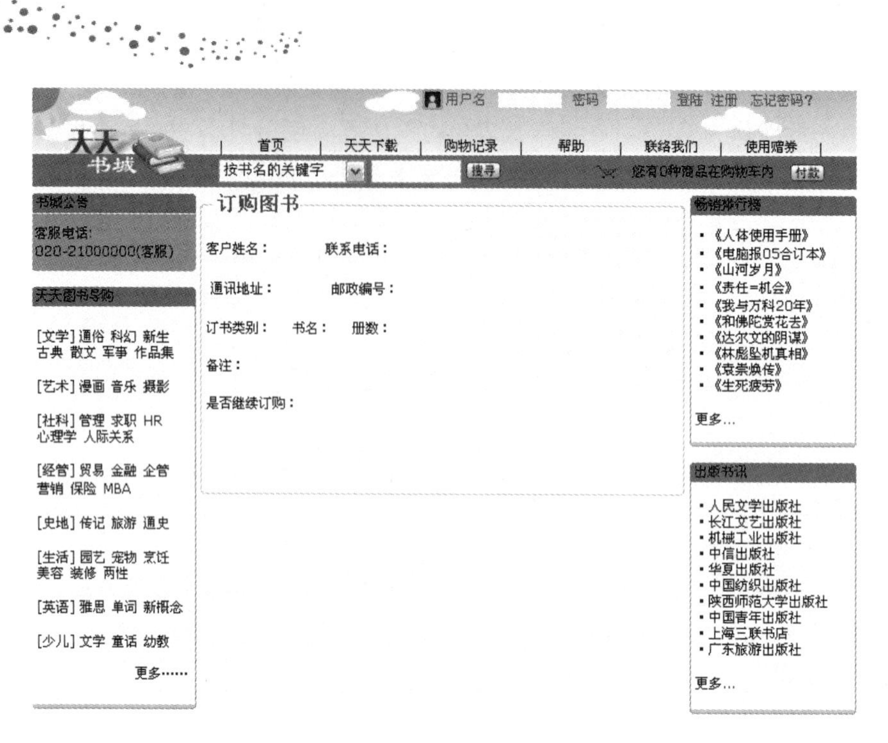


**图 4-56 插入文本框**

(3)将光标定位在“订书类别”项目右边，然后插入不带标签文字的“列表/菜单”对象，并设置名称为 sort，列表值为“文学、艺术、社科、经管、史地、计算机”。

(4)将光标定位在“备注”项目右边，然后插入不带标签文字的文本区域对象，设置名称为 remark，“字符宽度”为 50、“行数”为 4。

(5)将光标定位在“是否继续订购”项目右边，然后分别插入文字为“是”和“否”的单选按钮对象，并分别设置名称为 yes 和 no。

(6)将光标定位在字段集最底行，然后插入名称为“提交”和“重填”的按钮，并分别设置动作为“提交表单”和“重设表单”。

## 六、创建链接关系

链接是一个网站的灵魂，一个网站是由多个页面组成的，而这些页面之间依据链接确定相互之间的导航关系。链接由两部分组成：链接载体和链接目标。许多页面元素可以作为链接载体，如：文本、图像、图像热区、动画等。而链接目标可以是任意网络资源，如：页面、图像、声音、程序、其他网站、Email，甚至是页面中的某个位置——锚点。

### (一)文本和图像超级链接

为文本和图像添加超链接，可以有多种方法：

(1)选中需要建立超链接的文字或图片，在“属性”面板的链接栏中输入链接对象的路径，或者通过单击文本框右侧的“浏览文件”按钮，来查找需要作为链接的对象。下方的“目标”文本框用来设置链接页面的打开方式。

(2)在“属性”面板中，通过指向文件的图标⊕，用鼠标左键按住该图标不放，将它拖到"文件"面板中所要指向的链接对象即可,如图 4-57 所示。

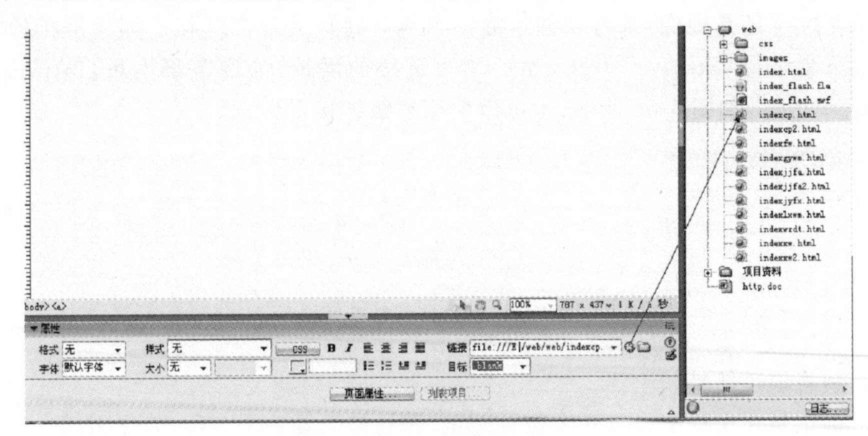

图 4-57　拖动指向链接页面

(3)在"插入"工具栏的"常用"选项卡中单击超级链接按钮,弹出如图 4-58 所示的对话框,按要求设置后,单击"确定"按钮。

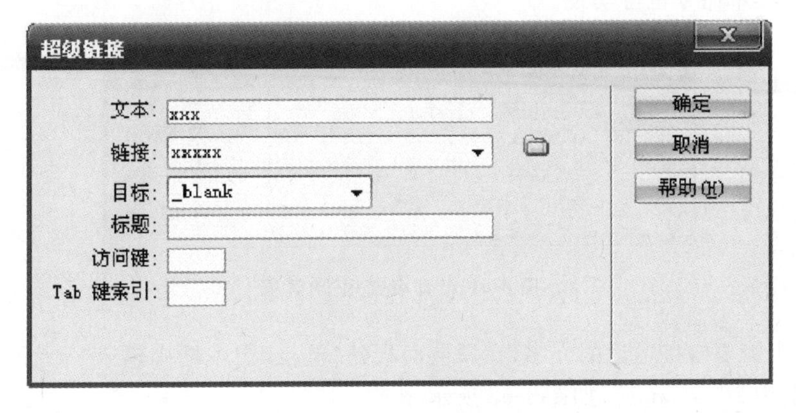


图 4-58　超级链接对话框

(二)创建 E-mail 链接

单击常用快捷栏中的电子邮件链接按钮,弹出"电子邮件链接"对话框,在对话框的文本框内输入要链接的文本,然后在 E-mail 文本框内输入邮箱地址便可,如图 4-59 所示。

图 4-59　"电子邮件链接"对话框

（三）创建外部链接

不论是文字还是图像，都可以创建链接到绝对地址的外部链接。创建链接的方法可以直接输入地址以“http://”开头，然后填写链接的网址，如商务部网址：http://www.mofcom.gov.cn/，如图 4-60 所示；也可以使用超级链接对话框。

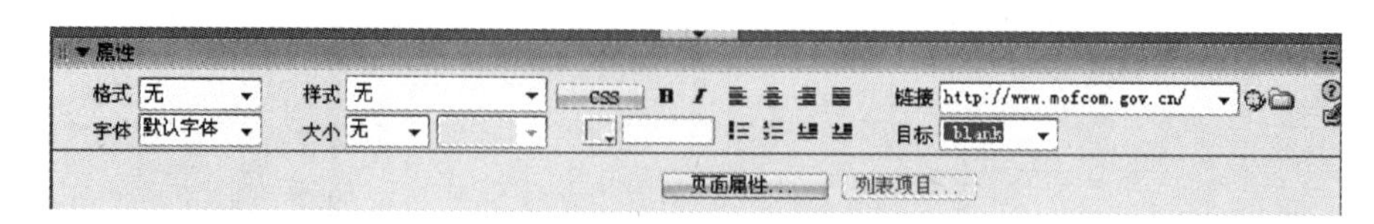


图 4-60　输入外部链接地址

（四）创建锚记链接

所谓锚记是在文档中设置一个位置标记，并给该位置一个名称，以便引用。锚记链接指在同一个页面中的不同位置的链接。具体步骤如下：

(1)打开一个页面较长的网页，将光标放置于要插入锚记的地方，单击常用快捷栏的命名锚记按钮，插入锚记并给锚记命名，如“name”，如图 4-61 所示；或选择“插入”—“命名锚记”菜单命令也可实现。

图 4-61　“命名锚记”对话框

(2)选中需要链接锚记的文字，在属性面板的“链接”文本框中输入“#”和锚记名称，这里文本框内为“#name”，如图 4-62 所示。

图 4-62　输入锚记链接名称

(3)制作图像映射。图像映射是指在一幅图像中定义若干个区域(这些区域被称为热点)，每个区域中指定一个不同的超链接，当单击不同区域时可以跳转到相应的目标页面。比如在一张世界地图图片上，单击不同区域的链接可以跳转到各个洲的网页去。图像映射常用于电子地图、页面导航图、页面导航条等。

在属性面板中，有不同形状的图像热区按钮，如：，选择一个热区按钮单击，然后在图像上需要创建热区的位置拖动鼠标，即可创建热区。此时，选中的部分被称为图像热点。选中这个图像热点，在属性面板上给这个图像热点设置超链接即可。

## 七、使用行为、时间轴制作网页特效

行为是指在网页中进行的一系列动作，通过这些动作，可以实现用户与页面的交互。例如网站上的弹出式提示窗口或广告窗口等都是通过行为来实现的。Dreamweaver 内置了多种行为，即使用户不熟悉 JavaScript 代码，也可以实现同页面的交互。

(一)行为

1. 行为的基本知识

“行为”可以创建网页动态效果，它是由事件和动作组成的，例如：将鼠标移到一幅图像上产生了一个事件，如果图像发生变化(前面介绍过的轮替图像)，就导致发生了一个动作。与行为相关的有三个重要的部分——对象、事件和动作。

(1)对象(object)

对象是产生行为的主体，很多网页元素都可以成为对象，如图片、文字、多媒体文件等，甚至是整个页面。

(2)事件(event)

事件一般用于指明执行某项动作的条件，它可以被附加到各种页面元素上，也可以被附加到 HTML 标记中。一个事件总是针对页面元素或标记而言的，例如：将鼠标移到图片上、把鼠标放在图片之外、单击鼠标，是与鼠标有关的三个最常见的事件。不同的浏览器支持的事件种类和数量是不一样的，通常高版本的浏览器支持更多的事件。

(3)动作(action)

行为通过动作来完成动态效果，如：图片翻转、打开浏览器、播放声音都是动作。

2. 行为面板

在 Dreamweaver 中，对行为的添加和控制主要通过“行为”面板(可按 Shift＋F4)来实现。也可选择“窗口”—“行为”命令，打开行为面板，如图 4-63 所示。

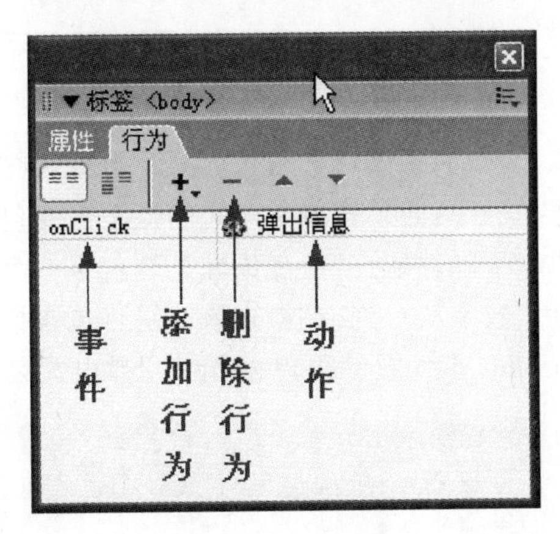


图 4-63 行为面板

在行为面板上可以进行如下操作：

(1)单击“＋”按钮，打开动作菜单，添加行为，并从动作菜单中选择一个行为项；

(2)单击“－”按钮，删除行为；

(3)单击事件列右方的三角,打开事件菜单,可以选择事件。

(4)单击向上箭头或向下箭头,可将动作项向前移或向后移,改变动作执行的顺序。

3.行为应用实例

一般创建行为有三个步骤:选择对象、添加动作、调整事件,下面举三个实例说明行为的应用。

【实例 4-1】检查表单

检查表单动作是检查指定文本域的内容以确保用户输入的数据类型。使用 onBlur 事件将此动作附加到单个文本域,在用户填写表单时对域进行检查;或使用 onSubmit 事件将其附加到表单,在用户单击“提交”按钮时同时对多个文本域进行检查。将此动作附加到表单,防止表单提交到服务器后任何指定的文本域包含无效的数据。

下面针对图 4-55 所制作的表单页面,准备对其进行表单内容的检查,步骤如下:

(1)在文档窗口左下角的标签选择器中单击<form>标签,然后从“动作”弹出式菜单中选择“检查表单”。

(2)在如图 4-64 所示的对话框中进行设置。

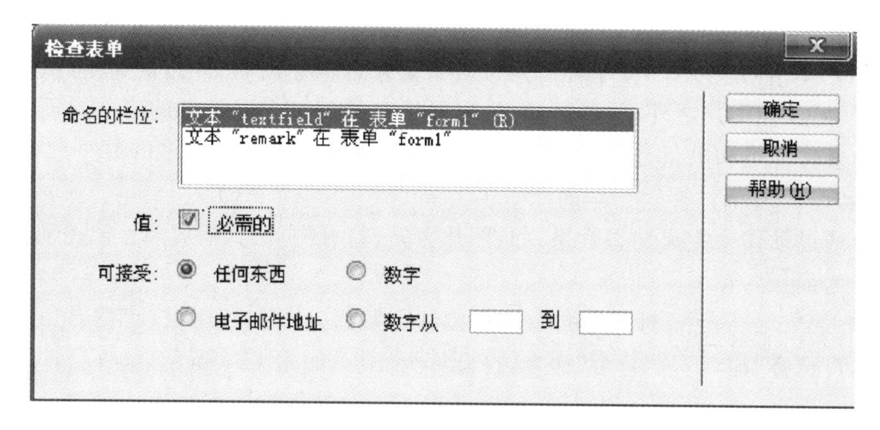


图 4-64 检查表单

针对列出的每一表单元素,如果该域必须包含某种数据,则选择“必需的”选项。然后下面的“可接受”选项中选择一个:如果该域是必需的但不需要包含任何特定种类的数据,则使用“任何东西”;使用“电子邮件地址”检查该域是否包含一个@符号;使用“数字”检查该域是否只包含数字;使用“数字从…到…”检查该域是否包含指定范围内的数字。

(3)设置完成后,onSubmit 事件自动出现在“事件”弹出式菜单中,如图 4-65 所示。

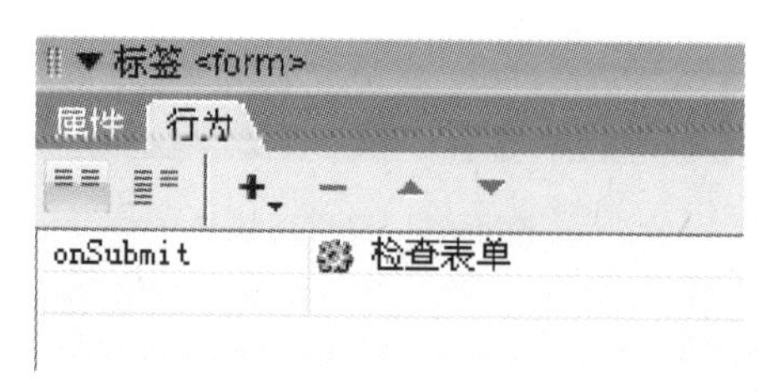


图 4-65 添加后的行为面板

这样用户在填写了不符合规范的信息,单击“提交”按钮后,浏览器会根据用户填写的情况给出警告。

(4)如果希望将提示信息更换为中文,可以修改源代码中的相关英文文字。

【实例 4-2】打开浏览器窗口

此实例要实现的效果是,在网页上单击一幅小图像,打开一个新窗口显示放大的图像。具体操作步骤如下:

(1)打开网页,选中图片。

(2)单击行为面板上的“+”按钮,打开动作菜单。从动作菜单中选择“打开浏览器”命令,在弹出的对话框中设置参数。

在“要显示的 URL”文本框中,单击“浏览”按钮选择在新窗口中载入的目标的 URL 地址(可以是网页也可以是图像)。窗口宽度设为 400px,窗口高度设为 300px,窗口名称为“放大图片”。

(3)当添加行为时,系统自动选择事件 onClick(单击鼠标),现在,单击行为面板上的事件菜单按钮,打开事件菜单,重新选择一个触发行为的事件。把 onClick(单击鼠标)的事件改为 onMouseOver(鼠标滑过),如图 4-66 所示。

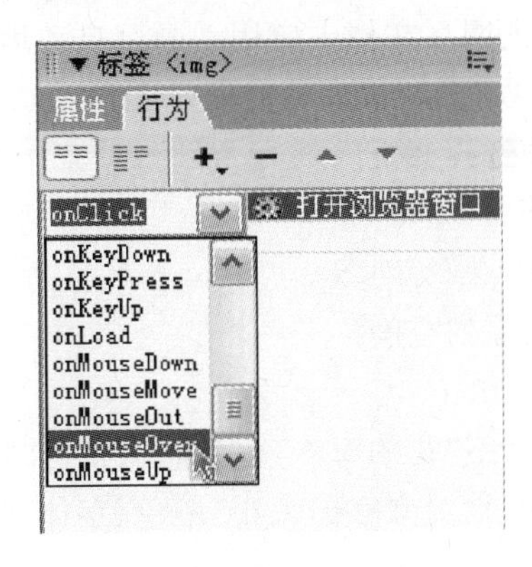


图 4-66 行为面板

(4)按 F12 键预览打开新窗口的效果。

【实例 4-3】设置状态行文本

浏览器下端的状态行通常显示当前状态的提示信息,利用“设置状态栏文本”行为,可以重新设置状态行信息。具体操作步骤如下:

(1)选中要附加行为的对象,如网页的<body>标记,或一个链接。

(2)单击行为面板上的“+”按钮,打开动作菜单。

(3)选择“设置文本”—“设置状态栏文本”,在打开的“信息”对话框中输入需要的文本。

(4)按 F12 键,可以看到打开网页后,浏览器下端的状态行上有了新输入的信息。

(二)时间轴

“时间轴”只能对“层”发生作用,所以如果要产生动画效果,必须创建层,再将图像、文本等内容插入到层中,通过移动层来移动这些元素。在时间轴中包含了制作动画时所必须的各种功能。

1. 时间轴的各项功能

时间轴的窗口如图 4-67 所示。图中各选项的含义为：

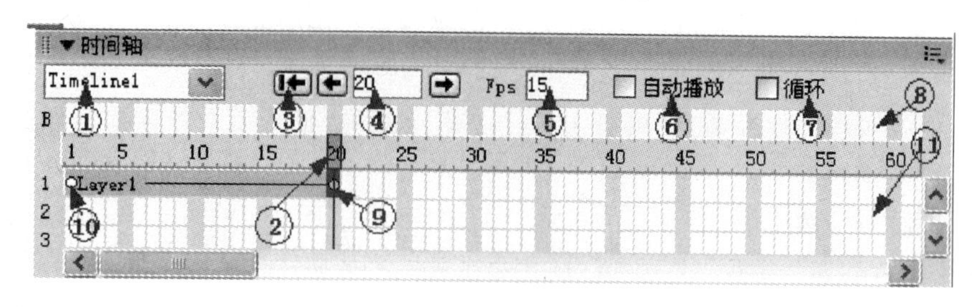


图 4-67 时间轴

①时间轴弹出菜单：表示当前时间轴的名称。

②时间轴指针：在界面上显示当前位置的帧。

③不管时间轴在哪个位置，一直移动到第一帧。

④表示时间指针的当前位置。

⑤表示每秒显示的帧数，默认值是 15 帧。增加帧数值，则动画播放的速度将加快。

⑥自动播放：选中该项，则网页文档中应用动画后自动运行。

⑦LOOP(循环)：选中该项，则继续反复时间轴上的动画。

⑧行为通道：在指定帧中选择要运行的行为。

⑨关键帧：可以变化的帧。

⑩图层条：意味着插入了“层”等对象。

⑪图层通道：用于编辑图层的空间。

2. 时间轴应用实例

(1)打开新的网页，输入文字“花的海洋，你喜欢么?”，并将文字全部选中，然后用快捷键 Ctrl+F3，打开“属性”面板，设置文字的大小、颜色、字体、位置。

(2)添加一个新层。

(3)在网页中插入事先准备好的图片，调整图片大小，并移至刚添加的层中。

(4)用快捷键 Shift+F9，打开“时间轴”面板，选中添加图片后的层，并将它拖动到时间轴面板中，在时间轴中就可以看到一条从第 1 帧到第 15 帧的动画栏了，若感觉 15 帧动画时间太短了，可延长至更长些，如 35 帧。

(5)勾选“自动播放”选项或勾选“循环”选项，前者能够使动画自动播放，后者则能使动画循环播放。这是非常有用的两个选项。

(6)点中时间轴上第 35 帧上的小圆圈，选中操作区中的层，将它移动到左下角的位置。这时可以在操作区中看到一条斜线，它是用来标记动画运动轨迹的。

(7)按 F12 键预览打开新窗口的效果。

时间轴应用过程如图 4-68 所示，应用效果如图 4-69 所示。

## 八、CSS 样式

CSS 样式全称为 cascading style sheet，意思为层叠样式表，是一系列格式设置规则，

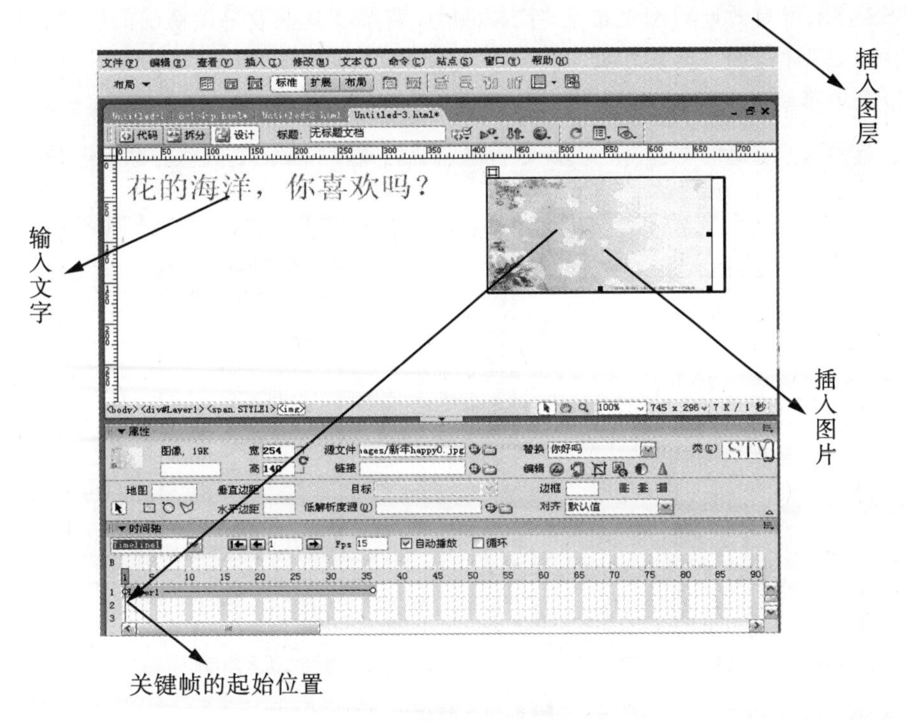


图 4-68 创建时间轴动画

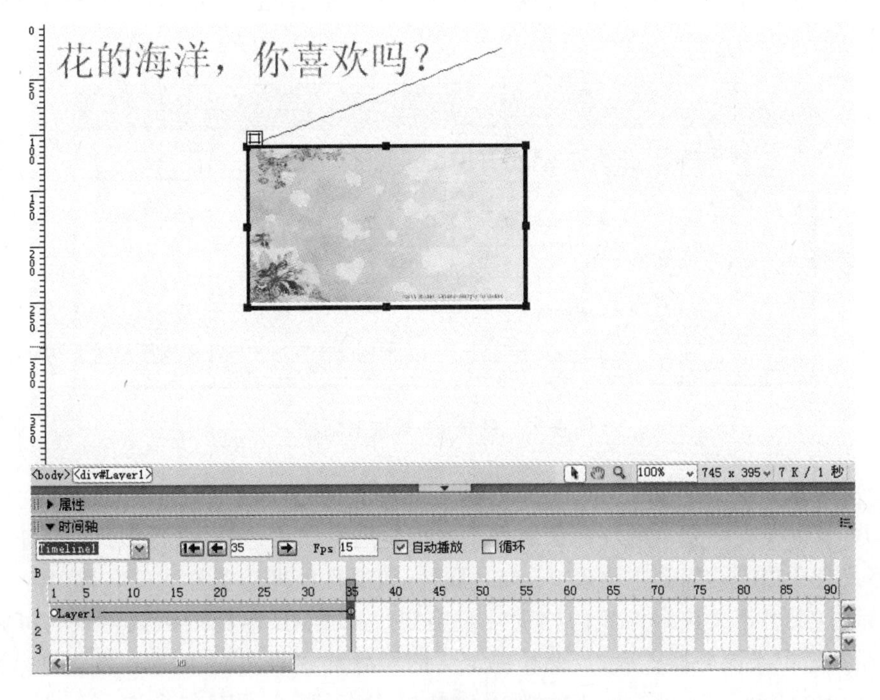


图 4-69 时间轴动画效果

通过 CSS 技术可有效地对网页布局、字体、颜色、背景和其他效果做精确的控制。

创建 CSS 样式的具体操作如下：

(1)选中菜单“窗口”—“CSS 样式”，打开“CSS 样式”面板，如图 4-70 所示。

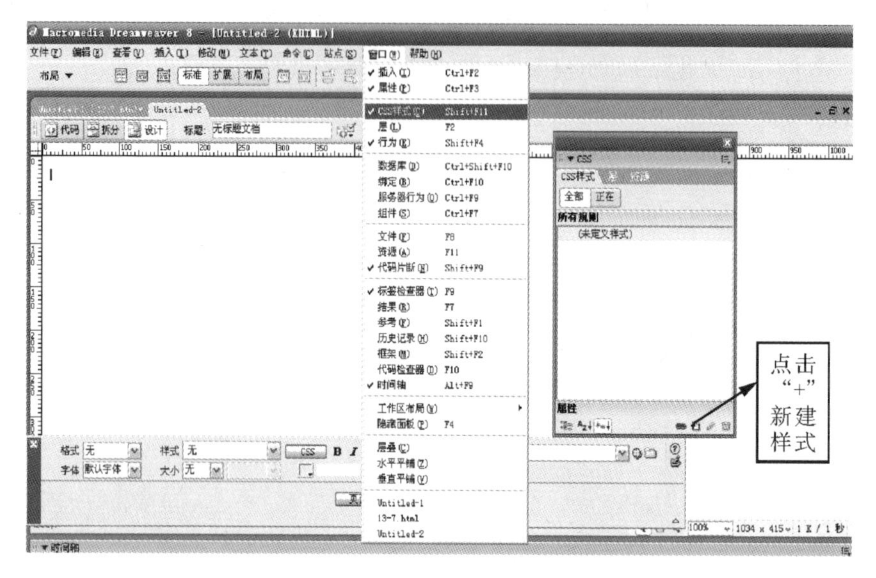


图 4-70　新建样式

(2)单击“CSS 样式”面板右下角的“新建 CSS 规则”按钮，打开“新建 CSS 规则”对话框，如图 4-71 所示。

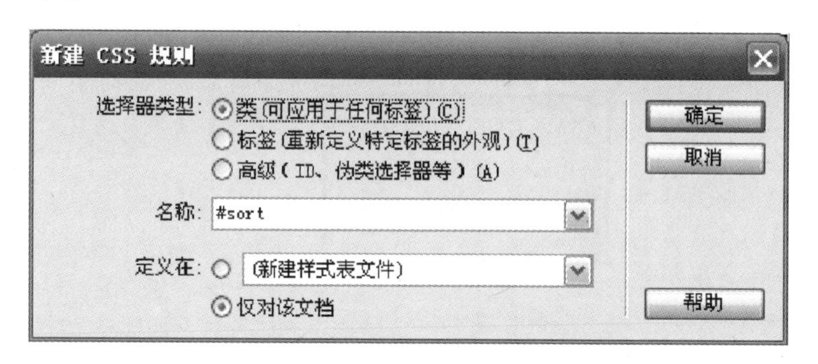


图 4-71　新建 css 规则对话框

在“选择器类型”选项中，可以选择创建 CSS 样式的方法包括以下三种：

①类：可以在文档窗口的任何区域或文本中应用类样式，如果将类样式应用于一整段文字，那么会在相应的标签中出现 CLASS 属性，该属性值即为类样式的名称。

②标签(重新定义特定标签的外观)：重新定义 HTML 标记的默认格式。可以针对某一个标签来定义层叠样式表，也就是说定义的层叠样式表将只应用于选择的标签。例如，为＜body＞和＜/body＞标签定义了层叠样式表，那么所有包含在＜body＞和＜/body＞标签的内容将遵循定义的层叠样式表。

③高级(ID、伪类选择器等)：为特定的组合标签定义层叠样式表，使用 ID 作为属性，

以保证文档具有唯一可用的值。高级样式是一种特殊类型的样式,常用的有4种:

- a:link——设定正常状态下链接文字的样式。
- a:active——设定鼠标单击时链接的外观。
- a:visited——设定访问过的链接的外观。
- a:hover——设定鼠标放置在链接文字之上时文字的外观。

(3)为新建的CSS样式输入或选择名称、标记或选择器,其中,对于自定义样式,其名称必须以点(.)开始,如果没有输入该点,则DW会自动添加上。自定义样式名可以是字母与数字的组合,但“.”之后必须是字母。

对于重新定义HTML标记,可以在“标签”下拉列表中输入或选择重新定义的标记。对于CSS选择器样式,可以在“选择器”下拉列表中输入或选择需要的选择器。

(4)在“定义在”区域选择定义的样式位置,可以是“新建样式表文件”或“仅对该文档”。单击“确定”按钮,如果选择了“新建样式表文件”选项,会弹出“保存样式表文件为”对话框。给样式表命名,保存后,会弹出“CSS规则定义”对话框。如果选择了“仅对该文档”,则单击“确定”后,直接弹出“CSS规则定义”,在其中设置CSS样式。

(5)在“CSS规则定义”对话框中设置CSS规则定义,主要分为类型、背景、区块、方框、边框、列表、定位和扩展8项。每个选项都可以对所选标签做不同方面的定义,可以根据需要设定。定义完毕后,单击“确定”按钮,完成创建CSS样式。

## 九、模板和库

在网页制作的过程中,为了整体风格统一,很多页面会用到相同的布局、图片或者文字元素。为了避免大量的重复,可以使用模板和库,将版面结构相同的制作为模板,将相同的元素制作为库项目,存放在站点中以随时调用。

(一)模板

制作模板时,通常并不把页面的所有部分都完成,只是制作导航条和标题栏等各个页面的公共部分,不同部分做成可编辑区域,留给每个页面的具体内容。

1.创建模板

模板的创建有三种方式:

(1)从文件菜单新建模板

选择“文件”—“新建”命令,打开“新建文档”对话框,然后在类别中选择“模板页”,并选取相关的模板类型,直接单击“创建”按钮即可,如图4-72所示。

(2)直接创建模板

选择“窗口”—“资源”,打开“资源”面板,切换到模板子面板,如图4-73所示。

单击“模板”面板上的扩展按钮,在弹出菜单中选择“新建模板”,这时在浏览窗口出现一个未命名的模板文件,给模板命名。然后单击“编辑”按钮,打开模板进行编辑。编辑完成后,保存模板。

(3)将普通网页另存为模板

打开一个已经制作完成的网页,删除网页中不需要的部分,保留几个网页共同需要的区域。

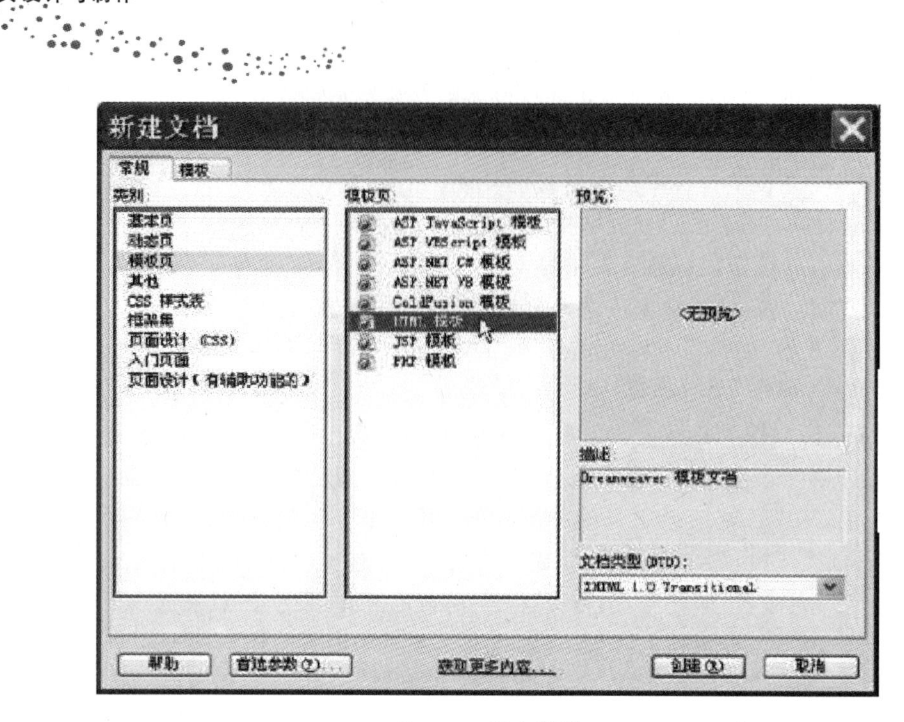


图 4-72　创建模板

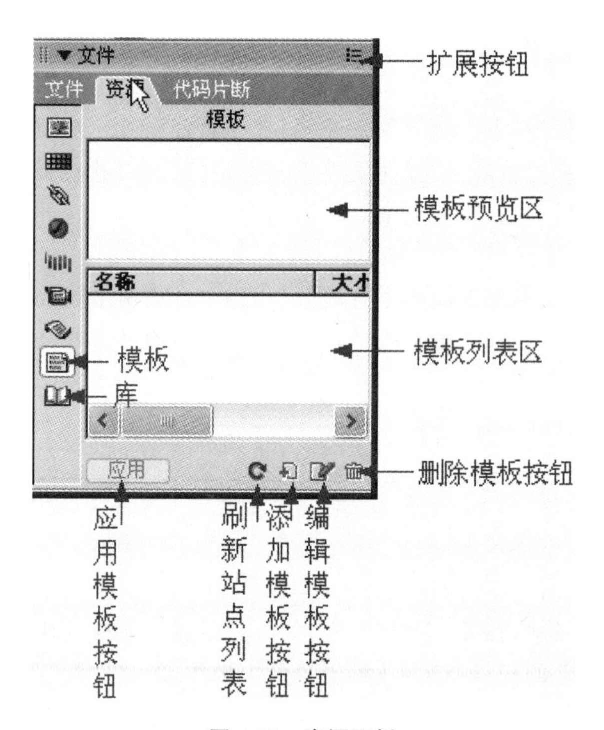


图 4-73　资源面板

选择“文件”—“另存为模板”将网页另存为模板。

在弹出的“另存为模板”对话框中，“站点”下拉列表框用来设置模板保存的站点，在其中选择一个选项。“现存的模板”选框显示了当前站点的所有模板。“另存为”文本框用来设置模板的命名。单击“另存为模板”对话框中的“保存”按钮,就把当前网页转换为了模板,同时将模板另存到所选择的站点。如图 4-74 所示。

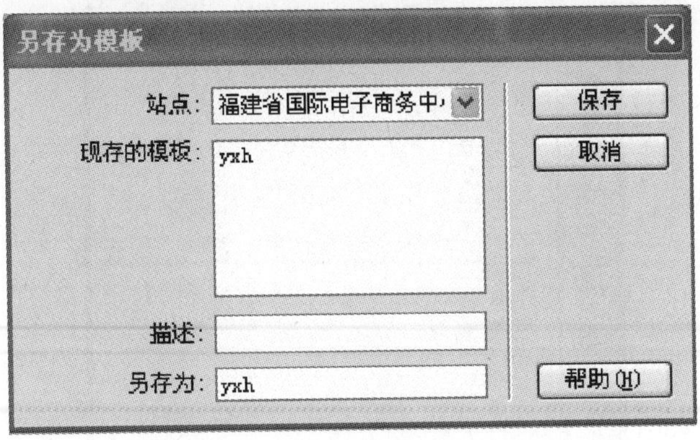

另存为模板
站点: 福建省国际电子商务中
现存的模板: yxh
描述:
另存为: yxh
保存
取消
帮助(H)

图 4-74 “另存为模板”窗口

单击“保存”按钮,保存模板。系统将自动在根目录下创建 Template 文件夹,并将创建的模板文件保存在该文件夹中。

在保存模板时,如果模板中没有定义任何可编辑区域,系统将显示警告信息,可以先单击“确定”,以后再定义可编辑区域。

2. 应用模板

创建模板之后,就可以基于该模板创建新的网页文档。

(1)基于模板创建网页

要创建基于模板的网页,执行“文件”—“新建”—“模板中的页”,然后在“站点”列表中选择模板所在的本地站点,接着选择模板名称,单击“创建”按钮即可。

(2)从模板中分离

若要更改基于模板的文档锁定区域(不可编辑区域),可执行“修改”—“模板”—“从模板中分离”,分离后,整个文档就可编辑。

(二)库

库实际上就是文档内容的任意组合,可以将文档中的任意内容存储为库项目。当编辑某个库项目时,可以自动更新所有使用该项目的页面。

1. 创建库

在使用库项目之前,首先要创建库。在“资源”面板中启用“库”( )。若此时想将现有网页文档中的某些元素创建为库项目,首先在文档中选中该元素,然后直接单击新建库项目图标 (或直接将网页中的元素拖到启用“库”后的窗口),创建一个库项目,并且为其重命名。这时站点中将自动建立 Library 文件夹,同时保存该项目。如图 4-75 所示。

2. 修改库

若要修改库,选择“文件”—“保存”命令,弹出“更新库项目”的对话框,询问是否更新使用了该项目的网页。单击“更新”按钮,可以更新网站中所有使用了这个库项目的网页。

图 4-75　资源面板

# 行　动

本学习情境的行动仍以“福建省国际电子商务中心”网页的首页制作作为案例。在前面情境学习完成后学生已基本掌握了网站规划、Photoshop 软件的使用，特别是图片的处理，在 Photoshop 中已完成首页的效果图，然后利用工具箱的“切片工具”的切片功能，制作切片并进行图片的优化，接着把切片保存在指定的位置生成了一个 HTML 和一个图片文件夹 images(存放所有切片图片)，最后用 Dreamweaver 8.0 打开从 Photoshop 导出的 html 文件，并在 Dreamweaver 8.0 中进行适当修改完成了首页的制作。为了掌握 Dreamweaver 8.0 的基本知识，本行动的首页制作不采用由 Photoshop 导出的 html 文件，而是直接用 Dreamweaver 8.0 软件从布局开始，一步步详细讲述网页制作过程，素材仍然使用由 Photoshop 切片保存的图片文件夹(images)。

## 第一步：创建站点

(一)制作根目录

先在 E:\盘符下新建一个文件夹，命名为 Web，然后在此文件夹下建立两个文件夹，分别为 css 和 images。并把事先准备好的素材放置在 images 文件夹中。

(二)新建站点

启动 Dreamweaver 应用程序，然后在菜单栏选择“站点”—“新建站点”，弹出“站点”对话框后，选择“高级选项卡”。选择“本地信息”选项，设置站点名称为“福建国际电子商务中心”,而 images 文件夹则定义为默认图像文件夹。如图 4-76 所示。

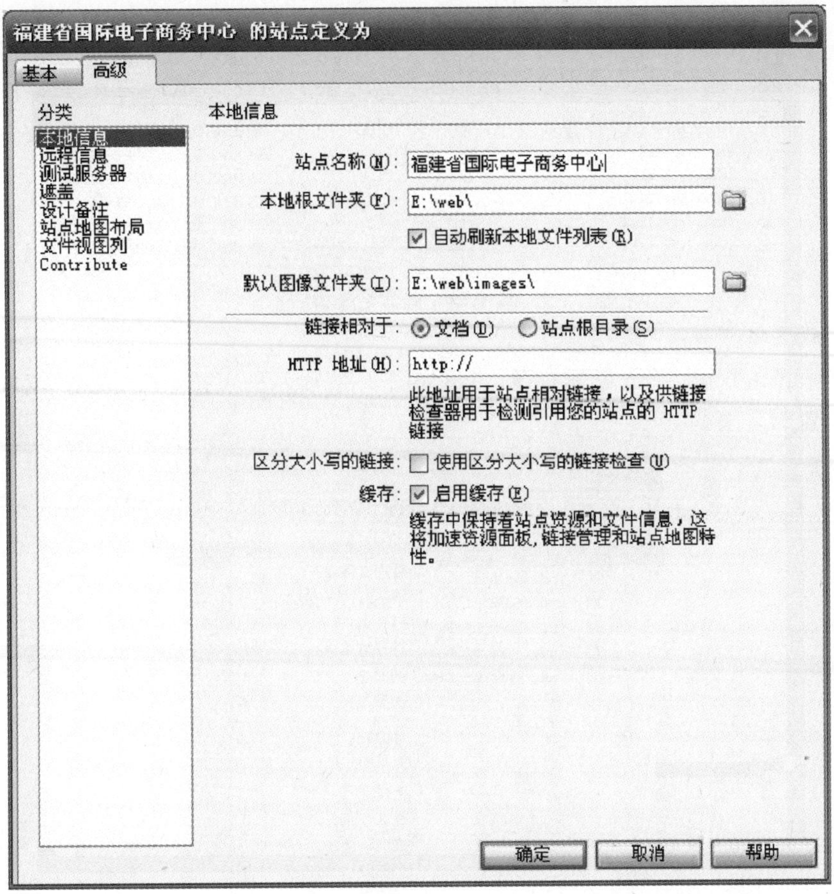

图 4-76　定义站点

(三)新建文件

单击 F8 打开“文件”面板,出现如图 4-77 所示的界面。在定义的站点上单击鼠标右键,然后从弹出的快捷菜单中选择“新建文件”,如图 4-78 所示。

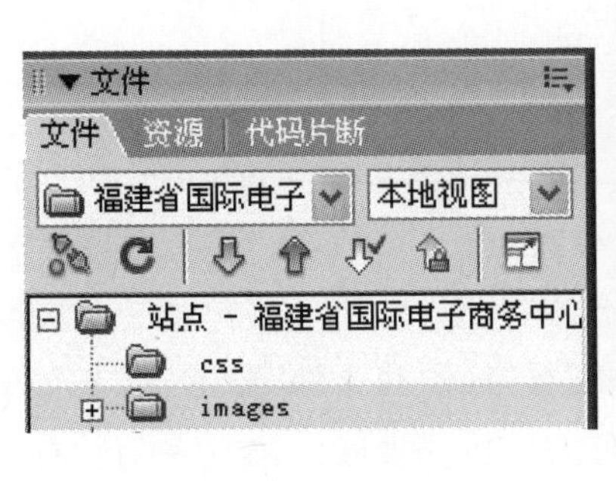


图 4-77　文件面板

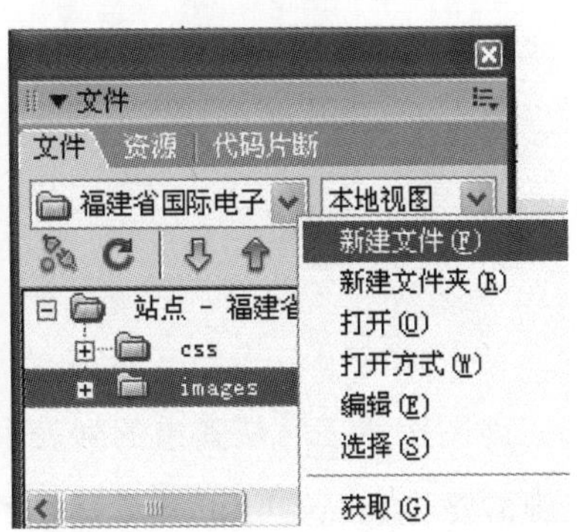


图 4-78　在站点中新建文件

依照相同的方法，创建其他文件，可以对每个新建的文件重命名，重命名后如图 4-79 所示。

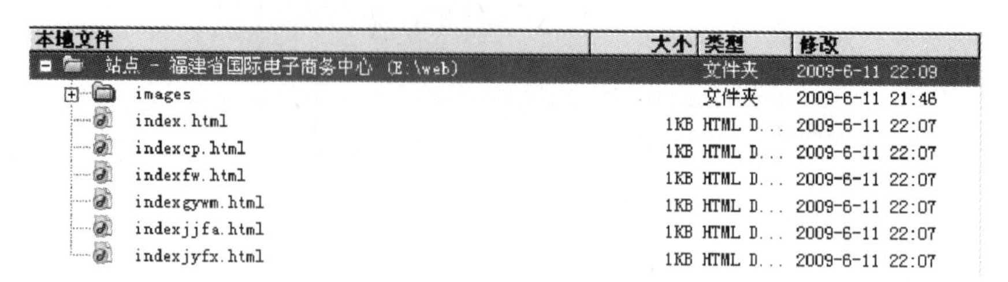


图 4-79　重命名文件

（四）设置首页

选择 index.html，单击鼠标右键，弹出如图 4-80 所示的下拉菜单，点击“设成首页”把本文档设置为首页。

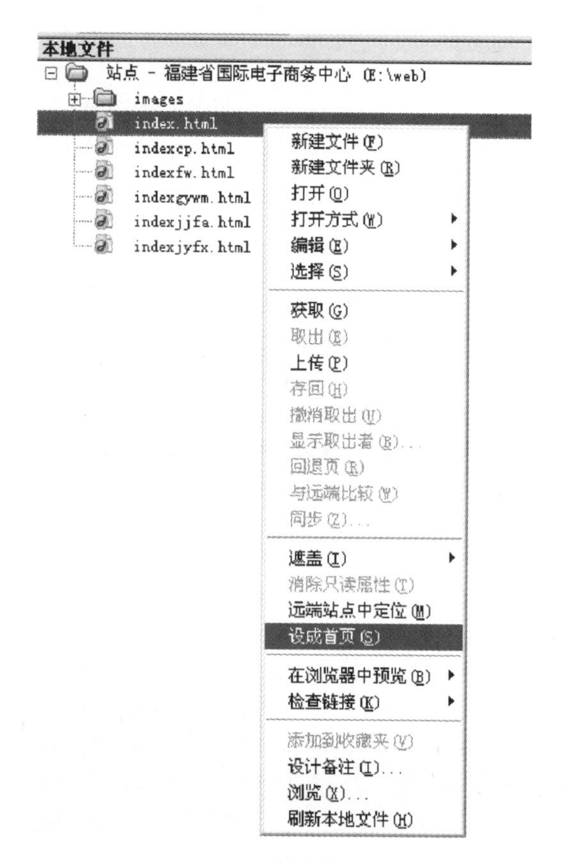


图 4-80　设置首页

（五）建立站点地图

点击站点地图按钮，从弹出的列表中选择“地图和文件”命令，单击文件右上角的图标，拖到需要与 index.html 建立链接的文件，以此类推，如图 4-81 和图 4-82 所示。

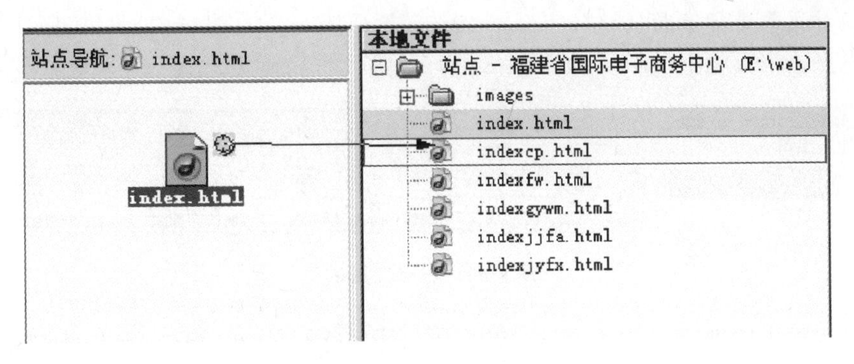


图 4-81 站点导航

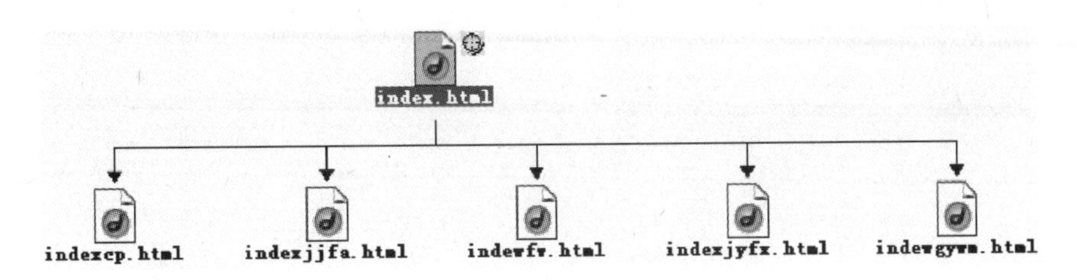


图 4-82 站点地图

## 第二步:首页布局

一个页面可能有多种布局和实现的方法,下面以绘制布局表格为例进行操作:

(一)制作布局示意图

分析首页页面,做页面的布局示意图,如图 4-83 所示。

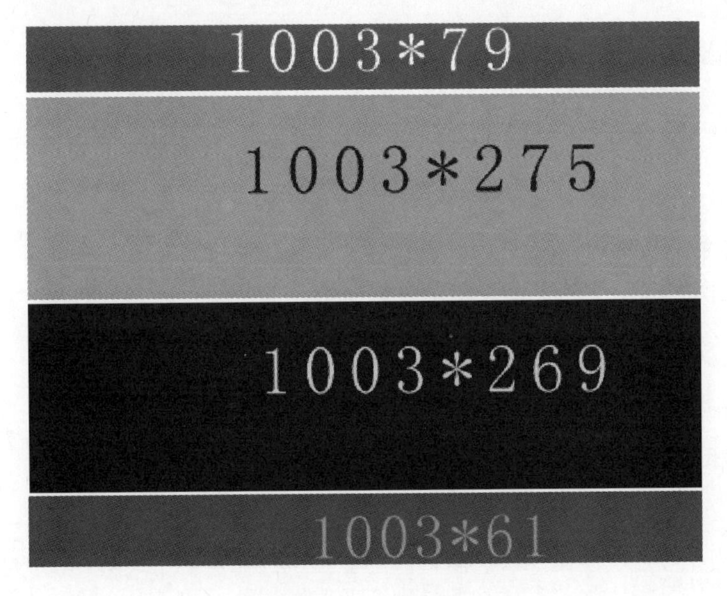


图 4-83 布局示意图

(二)对页面进行布局

首先点击工具栏上"布局",如图 4-84 所示,进入布局模式。

图 4-84　布局工具栏

接着按图 4-83 所示的宽和高,在窗口中绘制布局表格,在"属性"面板中设置其宽和高的尺寸,布局后的效果如图 4-85 所示。

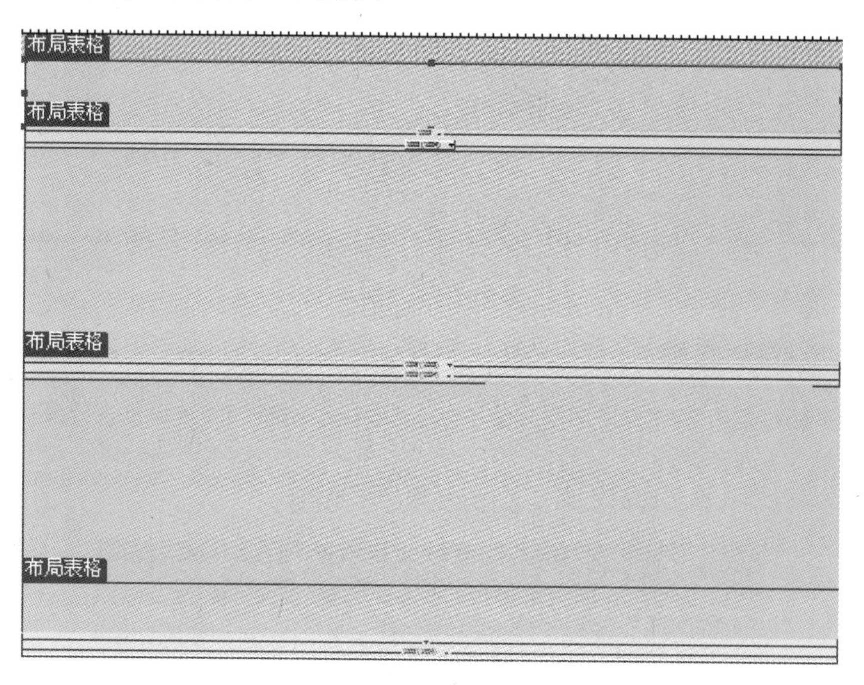


图 4-85　布局表格

(三)设置布局表格

进入扩展模式或标准模式设置布局表格居中。

## 第三步:头部(第一栏目)的制作

(一)分析与布局头部

头部的截图如图 4-86 所示。

图 4-86　头部的截图

头部存放的对象有:两侧修饰图片、网站标志(logo)图片、广告文字图片,右侧分成上、下两部分,上部分是一个文本域和图片,下部分为导航条。

为了实现头部设计,在布局模式中绘制布局单元格和嵌套布局表格,具体做法如下:点击绘制布局单元格按钮,在第一行的布局表格中先依次拉出布局单元格,这时窗口中出现蓝色的框,选中,并在"属性"面板中设置其宽和高,这里单元格的大小依次为为:26×79、85×79、245×79,在第4列绘制一个622×79布局表格,第5列绘制一个25×79的布局单元格,然后在第4列再绘制嵌套布局表格,图4-87是"头部"的布局图。

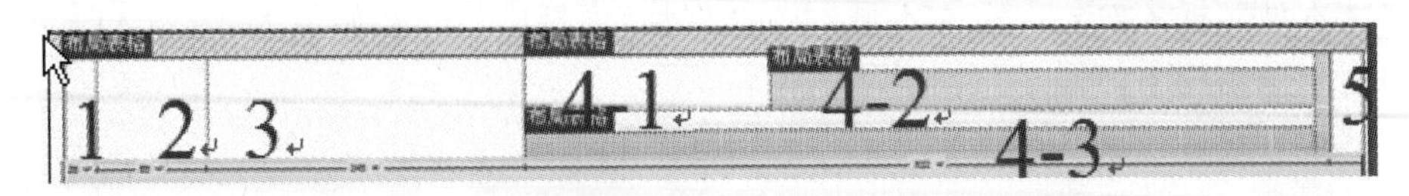


图4-87 头部的布局图

(二)插入图像

根据图4-87的布局插入相应对象,如将光标放置于图4-87中"1"的部分,在插入栏为"常用"下单击,弹出如图4-88所示的对话框。选择事先准备的图片素材,本书中放在"E:\web\images"下,在"缩略图"列表下,选择要插入的图像(也可通过单击属性面板中的链接)。插入图像后,效果如图4-89所示。

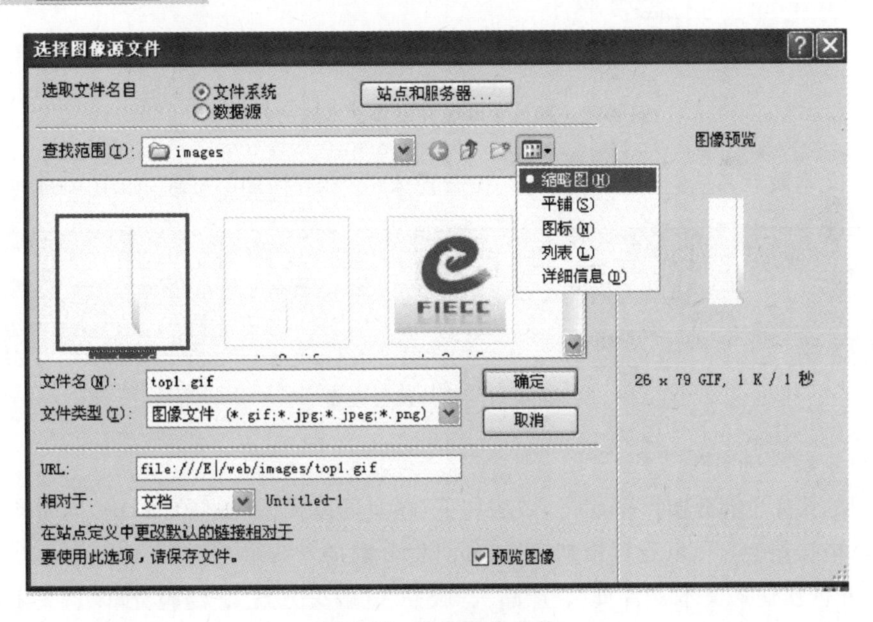


图4-88 选择图像文件

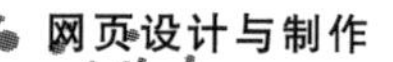

图 4-89　插入图像

（三）插入背景、标签、文本域

在布局的标准模式下，在第 4 部分插入背景图像“E:\web\images\top4. gif”，在第 4-2 部分插入标签，做法如下：点击图标，然后在适当位置选择菜单栏中的“插入”—“表单”—“文本域”，插入对象——文本域，并在“属性”面板中设其初始值为“请输入搜索关键字”，如图 4-90 所示。

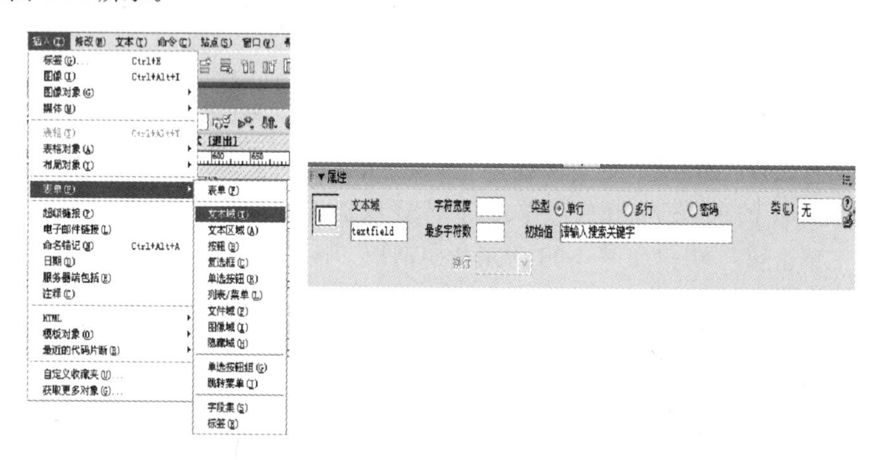


图 4-90　插入文本域并设置文本域的初值

插入文本域后，拖移至适合的位置，接着插入一个图片搜索按钮，如图 4-91 所示。

图 4-91　图片属性设置

（四）导航条的制作

在图的第 4-3 部分插入单元格，做法如下：在布局模式下，按住 Ctrl 键，同时点击绘制布局单元格按钮，可以连续增加布局单元格，分别插入 3 个 92×21 和 3 个 100×21 的单元格，并依次输入文本：“首页”、“产品”、“服务”、“解决方案”、“经验分享”、“关于我们”，如图 4-92 所示。

（五）CSS 样式设置

在网页中对某些相同样式的文本可以设置 CSS 样式，虽然创建 CSS 样式方法有多种，这里可以这样实现：

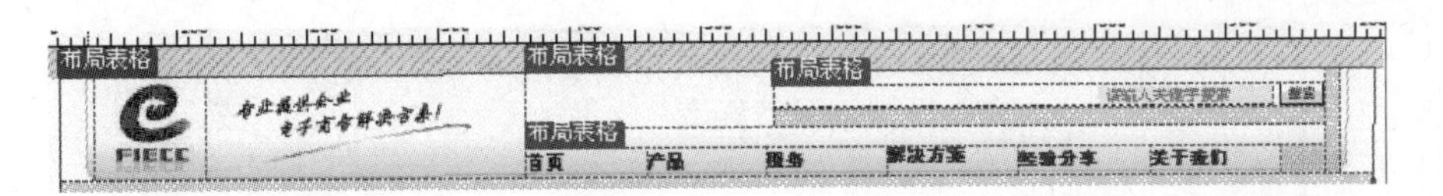


图 4-92　插入导航条文本

打开“窗口”—“CSS 样式”,打开“CSS 样式”面板后,选中“未定义样式”,右键单击,弹出下拉菜单,选择“新建”,如图 4-93 所示。

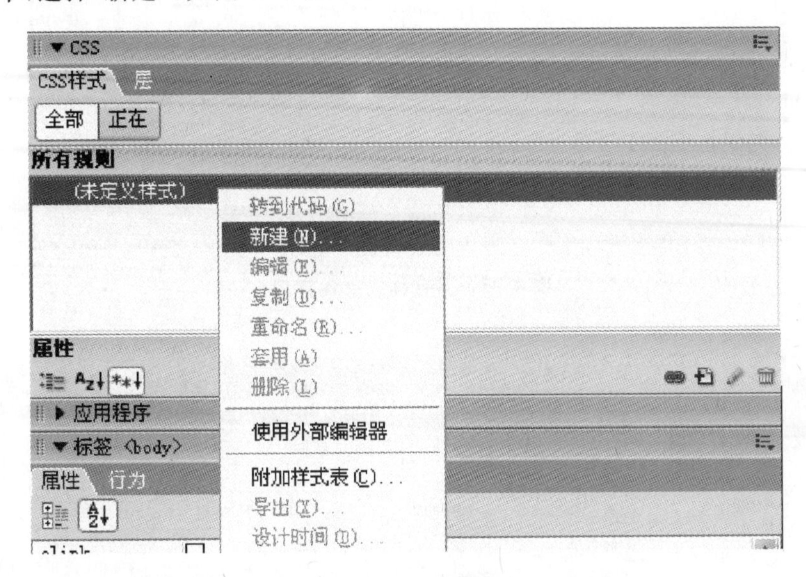


图 4-93　样式面板

或者点击“样式”面板中的 ,弹出“新建 CSS 规则”对话框后,如图 4-94 所示。点击“确定”按钮,保存样式文档,如图 4-95 所示。

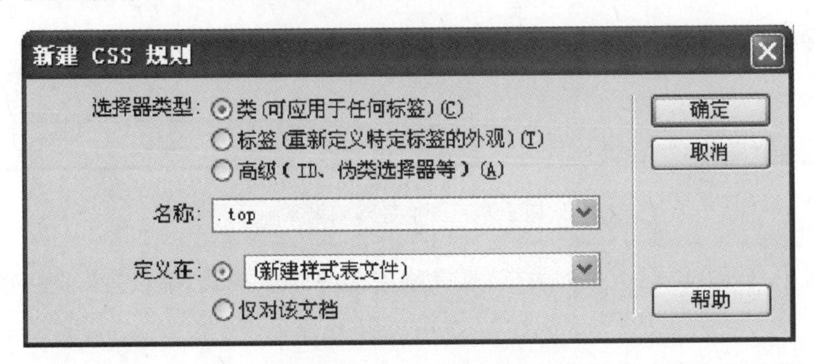


图 4-94　定义 CSS 样式

单击“保存”按钮后,弹出如图 4-96 所示的对话框,接着进行如下设置,其他按默认值即可。

返回 Dreamweaver 文档窗口,在“标准”模式下,拖动选择网页中的导航条文字,在

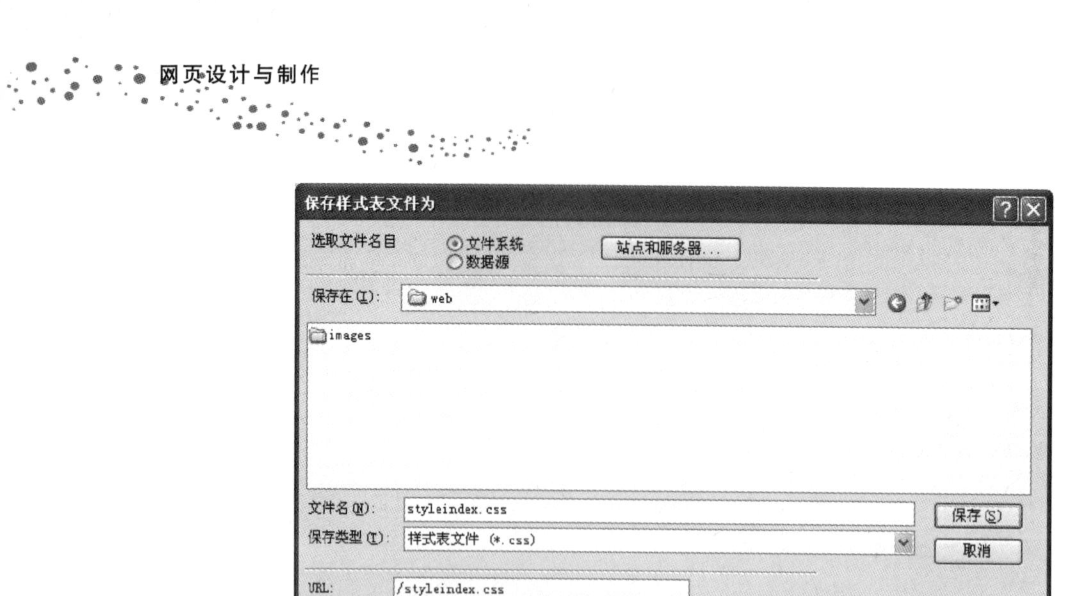


图 4-95 保存样式文件窗口

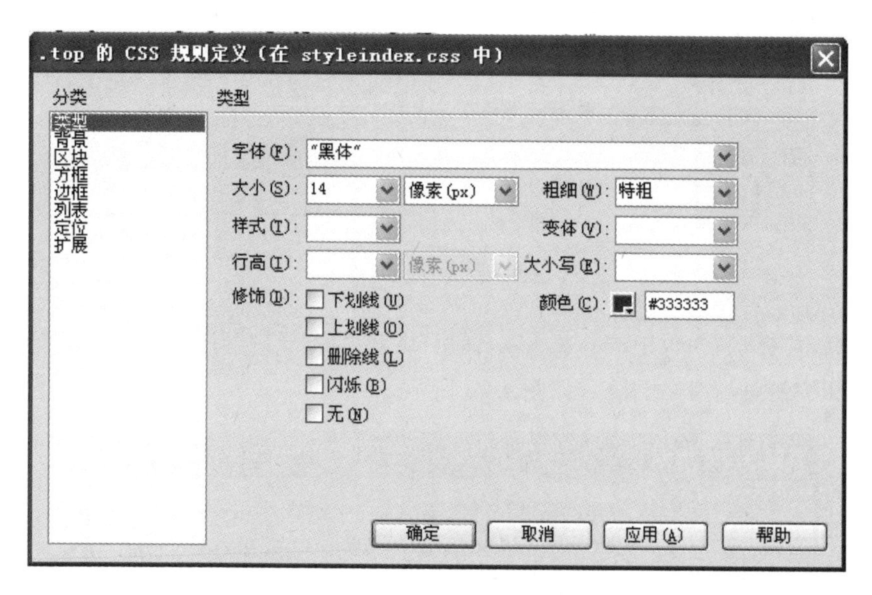


图 4-96 .top 样式的设置

"属性"面板中打开"样式"下拉列表框,选择刚定义的.top 样式,并设置"居中对齐",如图 4-97 所示。

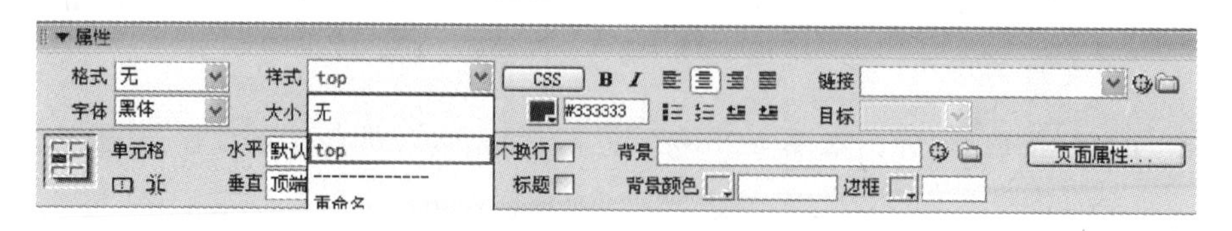


图 4-97 导航条中应用.top 样式

然后按以上的方法,创建另一个样式"类",名称为.search,设置如组图 4-98 所示。

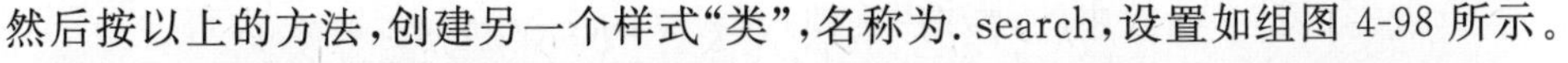

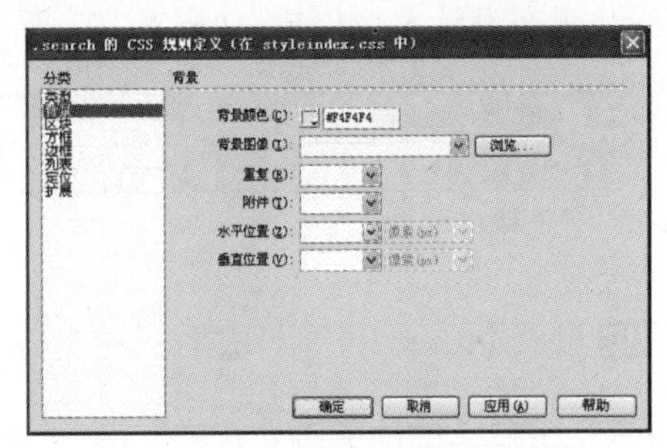

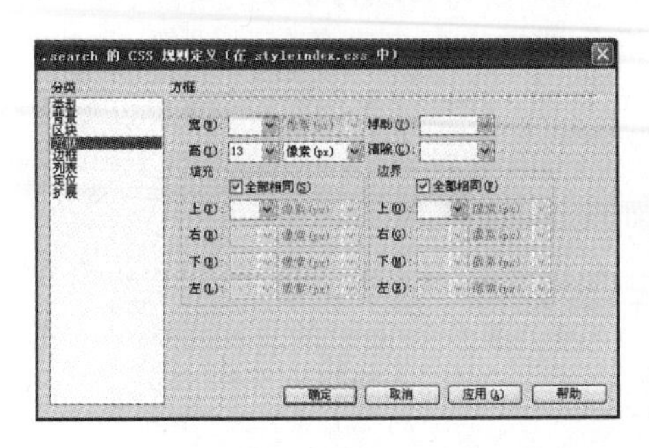

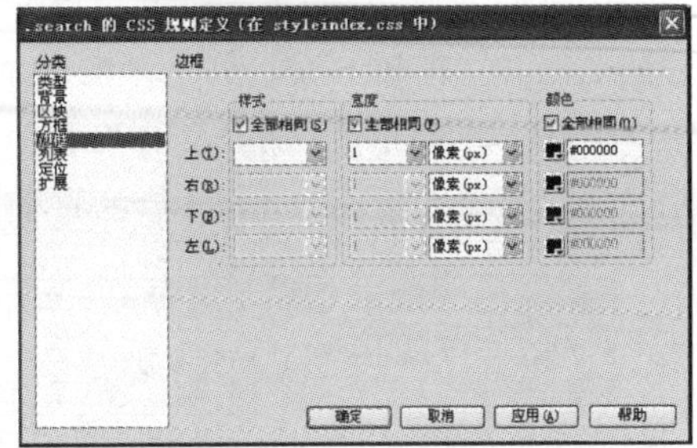

图 4-98　样式.search 设置组图

选中文本域对象,并在"属性"面板中的"类"下拉列表框中选择".search",如图 4-99 所示。

图 4-99　应用样式.search

(六)文本链接

选中"首页",然后点击工具栏上的 ,弹出如图 4-100 所示的对话框,点击,选择要链接的文件,这里为"E:\web\index.html",如图 4-100 所示。

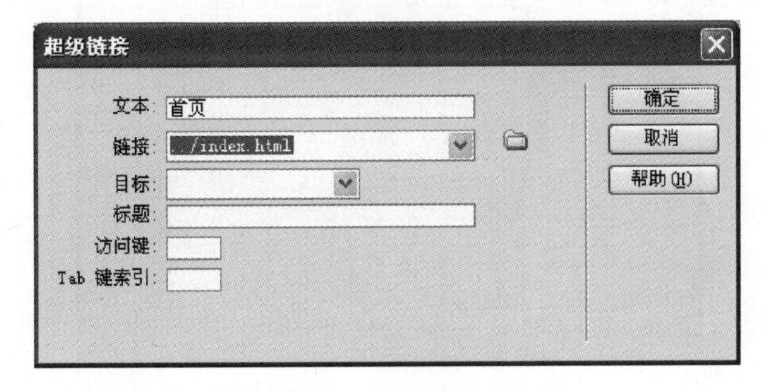


图 4-100　文本超级链接

或者，点击“属性”面板中的，指向“文件”面板中的文件 index. html 即可。

至此，头部设计大功告成，如图 4-101 所示。

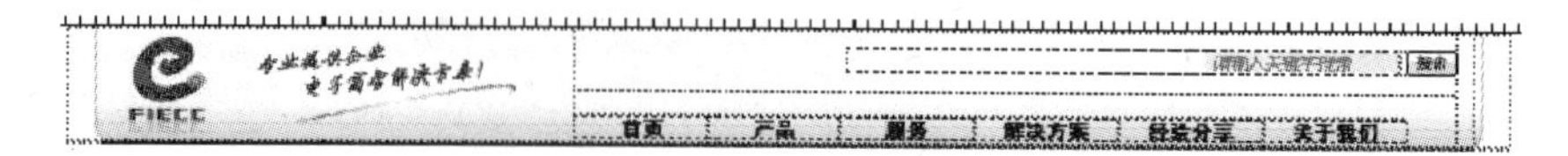

图 4-101　头部设计后的效果

## 第四步：Banner 的制作(第二栏目)

光标停在第二栏目空白处，连续绘制 3 个布局单元格，分别为 26×275、952×275、25×275，如图 4-102 所示。在第一和第三单元格分别插入事先准备好的图像，此处为 E:\web\images\top7. gif 和 top8. gif。在第二单元格插入 Flash 动画，做法为：单击“插入”—“媒体”—“flash”，在弹出的“选择文件”对话框中，选中文件(E:\web\index_flash. swf)即可，如图 4-103 所示。插入 Banner 后的页面如图 4-104 所示。

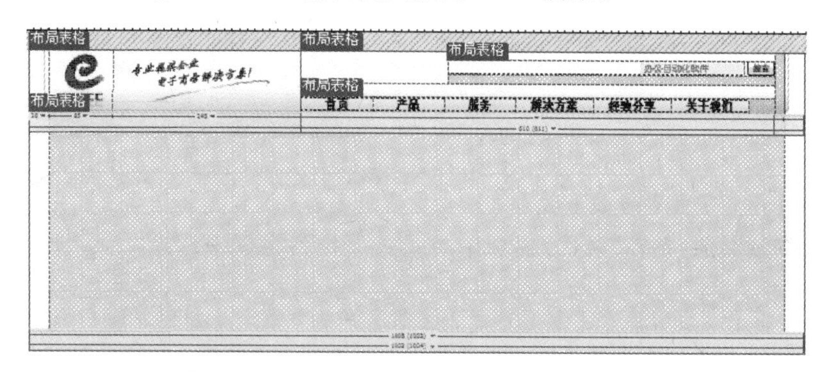


图 4-102　Banner 的布局

图 4-103　选择多媒体文件

图 4-104　插入 banner 后的页面

## 第五步:信息分类区(第三栏目)

(一)布局

对首页中的第三栏目进行布局,接着再根据页面样式,在布局表格中插入表格,如图 4-105 所示。

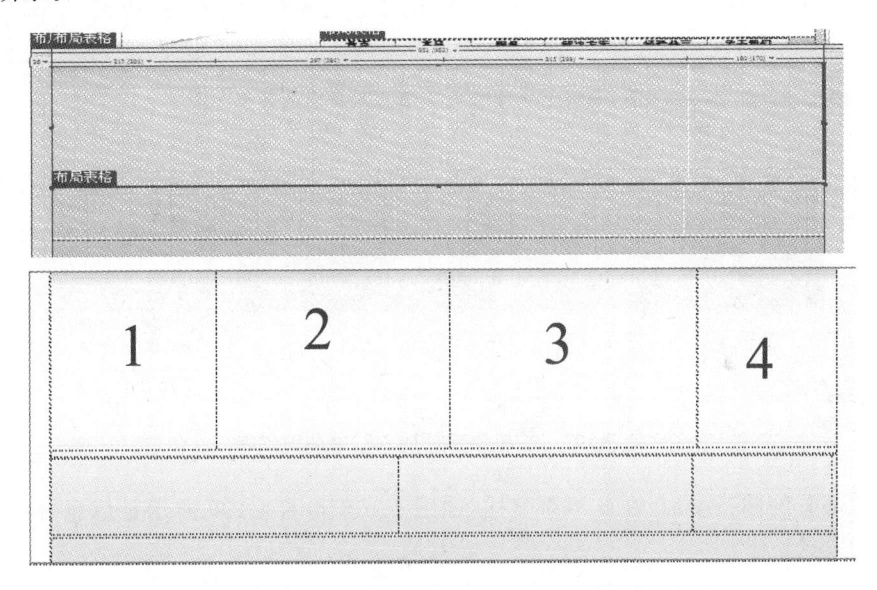


图 4-105　在标准模式下的信息区的布局

(二)第 1 列制作

先布局第 1 列,然后依次插入对象图片和标签,图片 为 E:\web\images\top12.gif,标签内容为“最新资讯”,并设置和套用样式.biaoti。接着插入图片 E:\web\images\top13.gif,并进行链接,其链接的地址为 E:images\indexcp2.html。如图 4-106 所示。

(三)第 2 列布局

第 2 列布局后依次插入对象:标签、文本、图片,对相关文本选择“文本”—“列表”—“项目列表”进行格式化,并设置样式.xinwen,如图 4-107 所示。

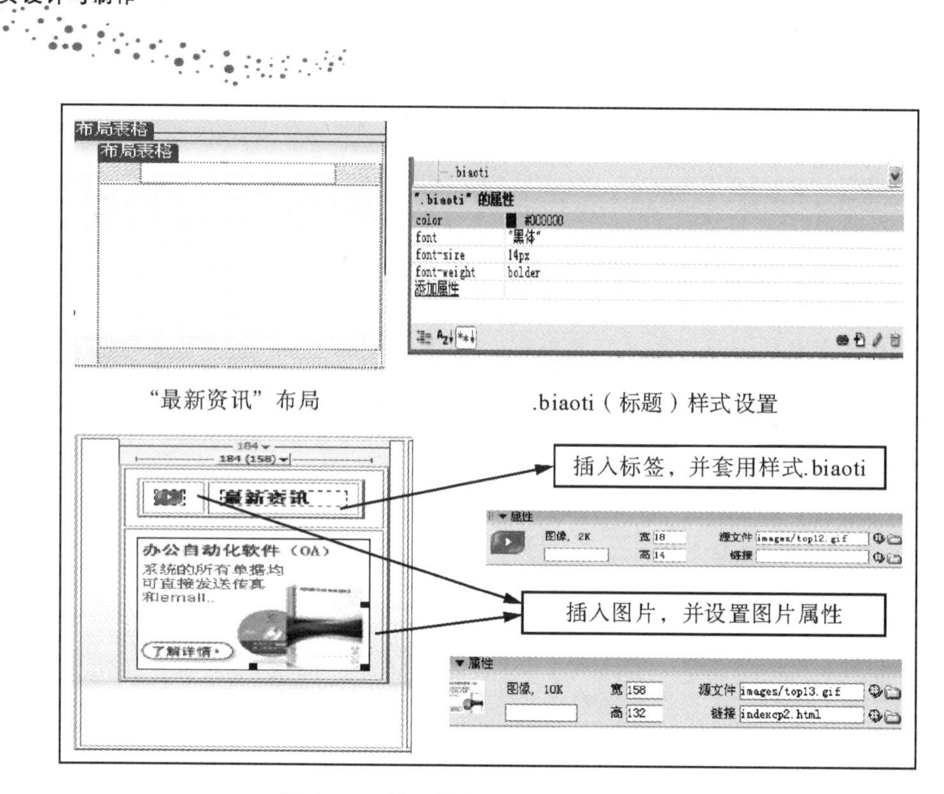


图 4-106　扩展模式下插入对象后的效果

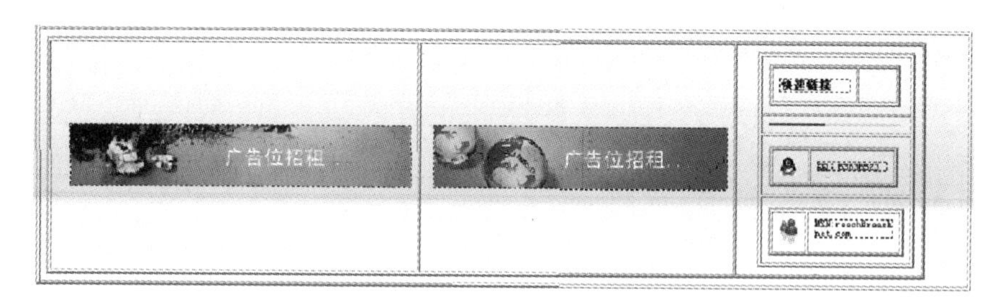


图 4-107　扩展模式下插入对象后的效果

其他部分的制作类似，在此不再赘述，如图 4-108 和图 4-109 所示是信息分类区插入对象后的效果。

## 第六步：页脚制作

页脚的制作比较简单，做 26×61、951×61、26×61 三个布局表格，然后在第二个布局表格中再嵌套两个表格，分别输入文本，设置.foot 样式并进行相关字体设置与链接。如图 4-110 所示。

至此"福建省国际电子商务中心"网站的首页页面制作已完成，最终的预览效果如图 4-111 所示。

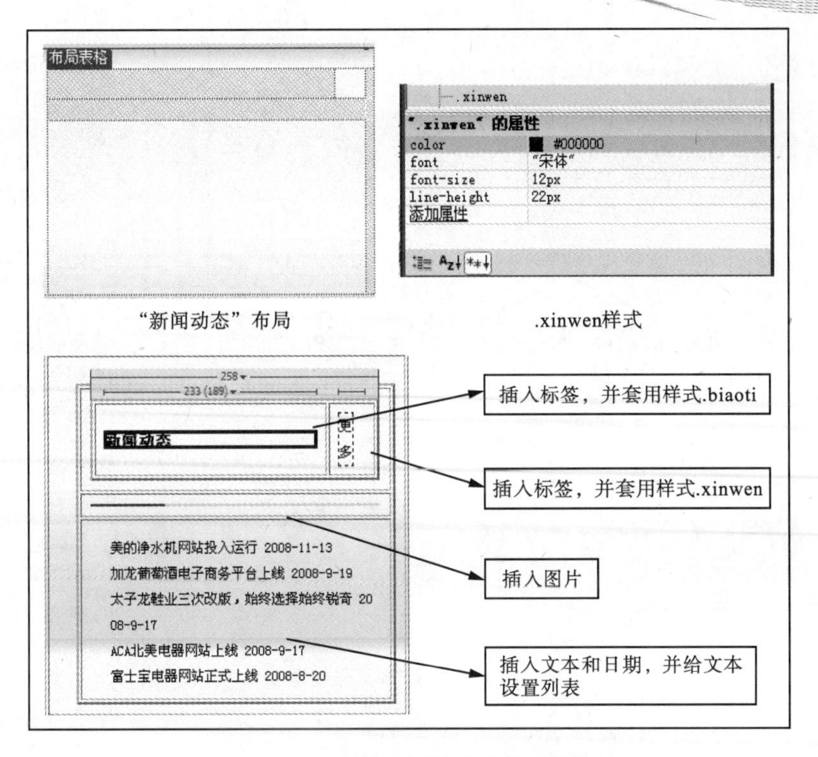


图 4-108　扩展模式下插入对象后的效果

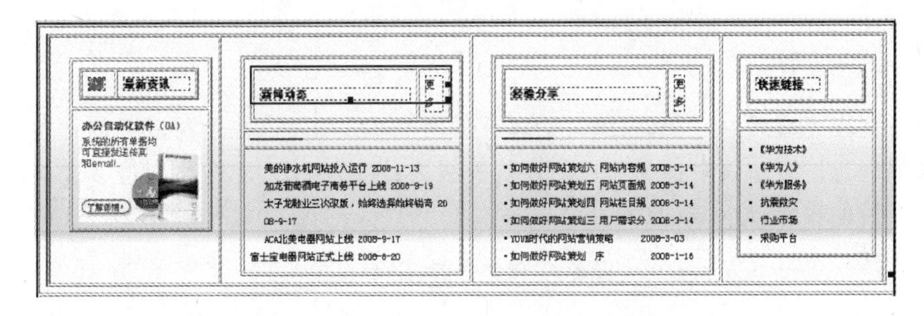

图 4-109　扩展模式下插入对象后的效果

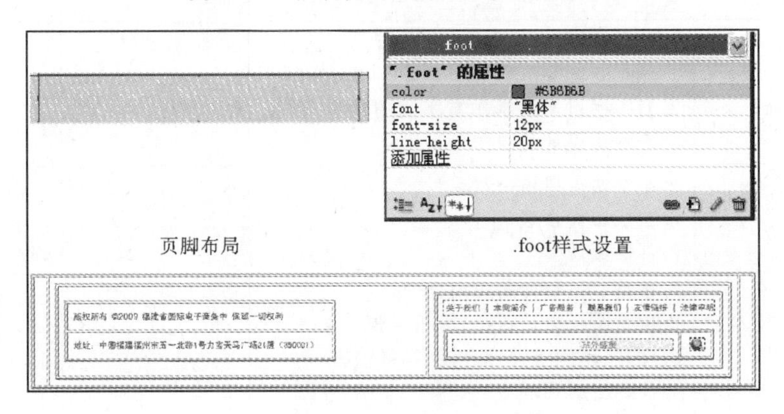


图 4-110　页脚制作

图 4-111　网站首页最终效果

# 评　价

首页制作完成后，各小组组织讨论和评价所完成的工作，并填写以下的评价表，最后交给老师进行评级。表中各个项目的评价等级为：A、B、C、D、E，分别对应 5、4、3、2、1 分，乘以各项目的权重，最后求加权和。

表 4-1　网站首页制作评价表

| 评价项目（权重） | 具体指标 | 学生自评等级 | 老师评价等级 |
|---|---|---|---|
| 色彩风格（创意性）（10%） | 1. 线条流畅，色彩鲜明，得当<br>2. 网页元素的色彩搭配合理<br>3. 每一栏目类别制作有不同的创意，以及个性化设计与制作 | | |
| 版面布局（结构性）（20%） | 1. 整个站点风格一致<br>2. 排版布局合理<br>3. 界面美观 | | |
| 页面使用技术（技术性）（30%） | 1. 表格、层、框架的应用合理<br>2. 网站图标设计新颖，紧扣主题<br>3. 图片、动画等设计有较多原创成分<br>4. CSS 使用规范<br>5. 图文混排合理 | | |

续表

| 评价项目(权重) | 具体指标 | 学生自评等级 | 老师评价等级 |
| --- | --- | --- | --- |
| 页面导向(导向性)(20%) | 1.页面亲切友好,易于用户使用<br>2.导航明确,内容易于检索<br>3.链接有效无误 | | |
| 频道内容(完整性)(20%) | 1.丰富完整,主题突出<br>2.分类清楚,一目了然<br>3.有不同种表现形式,突出重点 | | |

# 知识拓展

## 一、CSS 的优点

在网页制作时通常采用 CSS 技术,它的优点有:

(1)在大多数的浏览器上都可以使用;

(2)CSS 能精确地定位文本和图片,可以轻松地控制页面的布局;

(3)CSS 让内容与样式相分离,让网页代码更少,减轻服务器负担;

(4)以前一些非得通过图片转换才能实现的功能,现在只要用 CSS 就可以轻松实现,从而更快地下载页面;

(5)CSS 可以在多个网页中使用,以保证整个网站具有统一的显示风格;

(6)可以将许多网页的风格格式同时更新,不用再一页一页地更新了。

基于 CSS 对网页制作的重要性和实用性,在此有必要进一步认识它。要灵活运用 CSS 来控制网页格式,还要了解 CSS 的基本语法。使用 CSS 的方法可以简单概括为:

(1)选择符:表示要定义样式的对象。

(2)选择属性:指定选择符所具有的属性,是 CSS 的核心。CSS 共定义了 150 多个属性,大部分都可以适用于任何选择符。

(3)定义属性值:属性值保存常用数值加单位的形式,比如 80px。

## 二、CSS 语法

CSS 的定义由三个部分构成:选择符(selector)、属性(properties)和属性的取值(value)。

其语法形式为:selector{property:value}(选择符{属性:值})。

说明:

(一)选择符

选择符可以是多种形式,一般是定义样式的 HTML 标记,例如 BODY、P、TABLE 等,可以通过此方法定义它的属性和值,属性和值要用冒号隔开。

例如:body{color:white}(使页面中的文字为白色)。

如果属性的值由多个单词组成,必须在值上加引号,字体的名称经常是几个单词的组合。

例如:p{text-align:center;color:yellow}(段落居中排列,并且段落中的文字为黄色)。

把相同属性和值的选择符组合起来书写,用逗号将选择符分开,这样可以减少样式重复定义。

例如:h1,h2,h3{color:blue}(这个组里包括所有的标题元素,每个标题元素的文字都为蓝色);

p,table{font-size:10pt}(段落和表格里的文字尺寸为10号字),

效果完全等效于:

p{font-size:10pt}

table{font-size:10pt}。

(二)类选择符

用类选择符能够对相同的元素分类定义不同的样式,定义类选择符时,在自定义类的名称前面加一个点号。假如想要两个不同的段落,一个段落居中,一个段落向右对齐,可以先定义两个类:

p.center{text-align:center}

p.right{text-align:right}

类选择符还有一种用法,那就是在选择符中省略HTML标记名,这样可以把几个不同的元素定义成相同的样式:

.center{text-align:center}(定义.center的类选择符为文字居中排列),

这样的类可以被应用到任何元素上。

注意:这种省略HTML标记的类选择符是最常用的CSS方法,使用这种方法,可以很方便地在任意元素上套用预先定义好的类样式。

(三)ID选择符

在HTML页面中ID参数指定了某个单一元素,ID选择符用来对这个单一元素定义单独的样式。

ID选择符的应用和类选择符类似,只要把CLASS换成ID即可。将上例中类用ID替代,ID在一个页面中只能出现一次,而CLASS可以多次运用。

ID选择符局限性很大,一般只在特殊情况下使用。

在Dreamweaver中应用ID选择符,如果不用代码,可以按以下顺序操作,选择“插入”—“布局对象”—“Div标签”命令,然后在弹出的窗口中选择要使用的ID选择符即可。

(四)包含选择符

包含选择符是可以单独对某种元素包含关系进行定义的样式表,元素1里包含元素2,这种方式只对在元素1里的元素2定义,对单独的元素1或元素2无定义,例如:

```
table a
{
```

```
font-size:14px
}
```

表格内的链接改变了样式,文字大小为14像素,而表格外的链接的文字仍为默认大小。

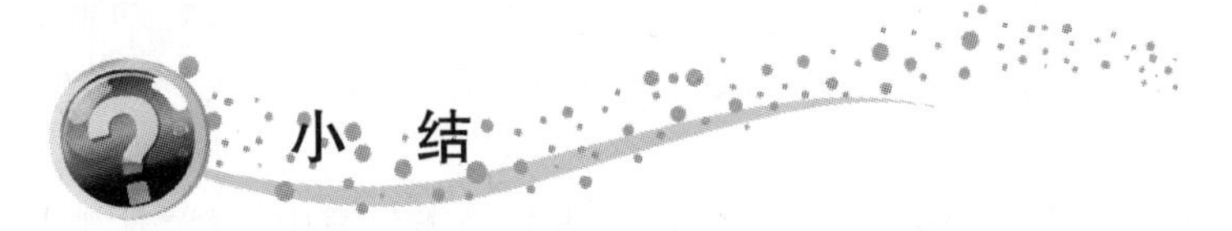

## 小结

这部分情境内容,基本涵盖了Dreamweaver中的网页设计知识,如:站点构建和管理,布局页面,添加网页元素——文本、图像、多媒体等,制作行为、层、时间轴等特效,制作框架、表格、静态表单等,CSS样式应用,模板和库。在"行动"部分,用"福建省电子商务中心"网站的首页制作作为案例,详细讲述制作过程,帮助学生掌握网页制作过程。在此基础上若要继续二级页面的制作,只要以首页为模板,并做适当的修改即可。通过该情境的学习,学生基本上能掌握Dreamweaver软件的使用和网页制作的基本知识。

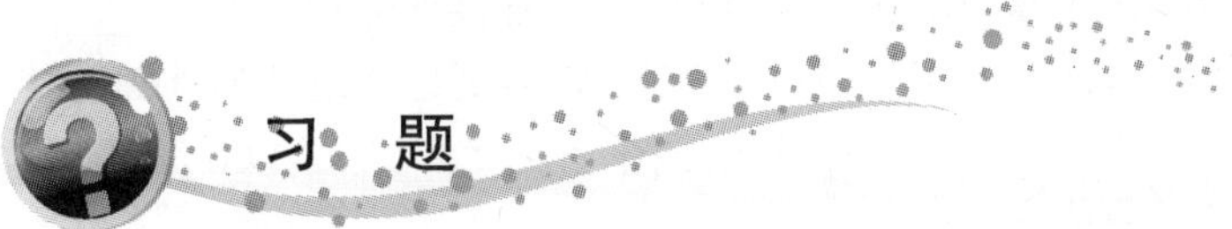

## 习题

**一、填空题**

1. 在使用Dreamweaver之前,必须先建立一个本地站点,站点是__________的集合。

2. 超级链接的载体是__________和图像。

3. 在Dreamweaver中,表格除了可以显示数据外,最主要的是定位和__________。

4. 在选择表格的单元格时,若要选中不连续的几个单元格,可以按住__________键,单击要选择的所有单元格即可。

5. 表格中的图像分__________和__________,其中普通图像的插入与文本输入顺序相同。

6. 设置表格属性时,选中一个表格后,可以通过__________面板更改表格属性。

7. 层是网页设计中一种重叠、具有透明性质、__________独立性载体,用户可在层中输入文本、插入表格、置入图像、多媒体影音等内容。

8. 创建层分普通层和__________创建。

9. 在层中的任意位置单击鼠标左键,插入点光标会在该层中闪烁,表明该层已被激活,处于__________状态。

10. 选中要对齐的层,选择菜单栏上的"修改",在下拉菜单中选择__________中的"右对齐"即可。

11. 框架网页由__________和框架两个部分组成。框架的作用就是把网页在一个浏览器窗口下分割成几个不同的区域,实现在一个浏览器窗口中显示多个HTML页面。

12. 在保存框架和框架集时候,选中框架或框架集,选择"文件"中的__________,则相应的框架或框架集就保存了,若选择"文件"中的__________,则会弹出一系列的"另存为"

对话框,Dreamweaver 会自动保存该框架页面的所有文档。

13. 要向 Dreamweaver 文档添加文本,可以直接在 Dreamweaver"文档"窗口中键入文本,也可以剪切并粘贴,还可以从__________导入文本。

14. 对于文本换行,按 Enter 键换行的行距较大,按__________键换行的行间距较小。

15. 在编辑文本时,插入水平线可起到__________的排版作用,选择快捷工具栏的项,然后单击其第一个按钮▬,即可向网页中插入水平线。选中插入的这条水平线,可以在属性面板对它的属性进行设置。

16. 选择"编辑"中的"首选参数",在弹出的对话框中左侧的分类列表中选择"常规"项,然后在右边选"允许多个连续的空格"项,就可以直接按__________键给文本添加空格了。

17. 在布局页面时,如果要在网页中插入一张图片,可以先不制作图片,而是使用__________来代替图片位置。

18. 鼠标经过图像是一种__________技术,在浏览器中,使用光标指向某图像时,其将变换为另外一张图像。

19. 链接是一个网站的灵魂,其中超级链接由两部分组成:链接载体和__________。

20. 在创建外部链接,不论是文字还是图像,都可以创建链接到绝对地址的外部链接。

21. 所谓锚记是在文档中设置一个位置标记,并给该位置__________,以便引用。锚记链接是指在同一个页面中的不同位置的链接。

22. __________就是指在一幅图像中定义若干个区域(这些区域被称为热点),每个区域中指定一个不同的超链接,当单击不同区域时可以跳转到相应的目标页面。

23. "行为"可以创建网页动态效果,它是由__________组成的。

24. 在 Dreamweaver 中,对行为的添加和控制主要通过__________面板(可按下 Shift +F4)来实现。

25. 一般创建行为有三个步骤:选择对象、__________和__________。

26. 制作模板时,通常并不把页面的所有部分都完成,而只是制作导航条和标题栏等各个页面的公共部分,不同部分做成__________,留给每个页面的具体内容。

27. 库实际上就是文档内容的任意组合,可以将文档中的任意内容存储为____________________。

28. "时间轴"只能对____________________发生作用。

29. 用快捷键__________,打开时间轴面板。

30. CSS 样式全称 Cascading Style Sheet,意思为____________________,是一系列格式设置规则,通过 CSS 技术可有效地对网页布局、字体、颜色、背景和其他效果做精确的控制。

**二、简答题**

1. 如何创建表格?如何选择表格?

2. 创建层有哪几种方式?

3. 如何相互转换表格和层?

4. 怎样设置图像热点?

5.如何创建表单?

6.行为和动作分别有什么作用?

7.如何将页面设置为模板?

**三、操作题**

1.使用表格进行网页布局

(1)新建一个网页,根据网页布局要求插入一个表格,行列数自定,宽度为780像素,边框为0。

(2)对以上建立的表格进行单元格合并或拆分,对表格行宽和列高进行适当调整,对表格进行插入行或列的操作。

(3)在建立的表格的单元格中插入嵌套表格。

(4)对表格或单元格设置自选背景图像。

(5)在以上建立的表格中插入图像与文字;设置对各单元格水平居中对齐,垂直顶端对齐;设置单元格为“不换行”。

2.利用层制作下拉菜单

(1)打开一个网页,插入一个1行5列的表格,其导航条的内容分别为:教学指南、教学课件、习题集、课件资源、网站欣赏。

(2)现为第一个主菜单“教学指南”建立一个下拉菜单。选择“插入”—“布局对象”—“层”,插入层Layer1,在“属性”面板中设置层的相关参数,使它的上边线紧贴导航条的下边线。

(3)在层Layer1中插入一个3行1列的表格,调整表格属性,并在单元格中分别输入子菜单名,分别是教学大纲、教学计划、实验大纲、教学进度表。

(4)按住Ctrl键不放,单击导航条中的第一个单元格,然后选择“窗口”—“行为”,打开“行为”面板,并单击其下拉按钮,选中“显示－隐藏层”。

(5)在弹出的对话框中,在“命名的层”后的文本框中会列出当前网页所有的层,选中“层Layer1”,单击下面的“显示”按钮,再单击“确定”按钮。

(6)返回到“行为”窗口,单击行为下的文字onFocus,在下拉表中选中“onMouseOver”选项,以实现当鼠标移至第一个单元格时,下拉菜单Layer1状态变为显示。

3.制作框架网页

(1)新建一个框架网页(框架类型自选);

(2)在各框架内插入内容或打开网页,保存各框架页与框架集;

(3)设置各框架属性(边框、滚动条等);

(4)建立左框架与右框架文章中锚点的链接,要求目标框架为右边的框架;

(5)建立左边导航条中返回主页的链接,设置目标框架为top。

4.CSS的应用操作

(1)制作文章页或诗词页,设置页面属性

①新建或打开网页,设置页面默认字体;

②设置页面上边距为0、左边距为10;

③设置页面背景图片;

④设置链接颜色。

(2)创建自定义的CSS样式

①创建自定义的CSS样式(存放在CSS样式表文件中)——标题1、标题2等,使用类型面板设计字体样式,并应用到当前网页中。

②创建自定义的CSS样式"正文",字体大小为10,字体幼圆,行高为1.8倍行高,并应用到当前网页中。

(3)重定义HTML标签

修改Body标签,使用背景面板设置背景图像,不重复、固定、自定位置,使用区块面板设置文本对齐为居中。

(4)修改CSS样式

①修改自己所建的标题1模式,使用区块面板设置文本对齐为居中;

②重定义"正文"模式,缩进2个字;

③修改标题模式,使用边框面板设置下边框为双线、颜色自选。

(5)附加CSS样式表

新建一个网页,附加以上建立的CSS样式表,并应用样式。

(6)使用CSS样式中的过滤器

①新建一个图片网页,使用表格布局后插入图片;

②新建样式,仅应用该文档,设置Alpha透明度为50%[在扩展面板的滤镜下拉列表框中设置Alpha(Opacity=50)];

③新建一个样式invert,仅应用该文档(在扩展面板的滤镜下拉列表框中选择invert);

④建立样式gray,FlipH,Xray;

⑤对图片后分别设置以上新建的样式后在浏览器中查看效果。

5.根据个人的爱好制作一个个人网站。

# 学习情境5 网站的测试与发布

知识目标:

1. 了解域名和网页空间申请的过程。
2. 了解网站测试的内容。
3. 了解网站发布的方法。

能力目标:

1. 能熟练对网站的内容和相关链接的正确性进行测试。
2. 能掌握网站域名申请的过程,并了解申请域名的技巧以及注意事项。
3. 能掌握网页空间的申请方法。
4. 能掌握网站发布的方法。

## 任　务

1. 以两人或三人组成小组,自由选择一个项目,完成域名与网页空间的申请、网站的测试与发布。

2. 项目可以是自己练习制作完成的一个网站作品。

3. 本学习情境完成时,应提交一个外部分析报告文档,并进行演讲、讨论和评价。

## 知识准备

### 一、IP 地址和域名

本节介绍 IP 地址、域名和 DNS 的概念,以及域名的命名原则。

(一)IP 地址

IP 地址可以视为网络上的门牌号码,它唯一地标志出主机所在的网络和网络中位置的编号。IP 地址由 32 位二进制数组成,为了表示方便一般写成由 4 个十进数构成,每个十进制数取值为 0 到 255,每个十进制数之间以句点"."相隔(称为点分十进制),如将 10000000 00001011 0000011 00011111 记为:127.11.3.31。

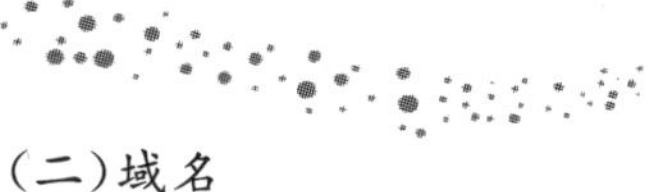


（二）域名

有了数字型的 IP 地址，计算机通过 Internet 中的网络协议就能彼此通信，但是这种数字型的表示方式不易为广大 Internet 使用者记忆，为了克服这个缺点，人们研究出一种能代表一些实际意义的字符型标志，称为域名地址（domain name）。域名由若干部分组成，它们之间用小数点分开，每个部分由至少两个字母或数字组成，如“中国教育科研网”Web 服务器的域名为 www.edu.cn，“福建省国际电子商务中心”的域名为 www.fiecc.cn，域名一般不能超过 5 级，从左域到右域的级别越来越高，高的级域包含低的级域。

域名的最后一部分称为顶级域名（TLD，top level domain），顶级域名在 Internet 中是标准化的，顶级域名前面还有下级域名，但下级域名一般没有统一的规定和标准，顶级域名由两个或两个以上的词构成，中间由点号分隔开。最右边的那个词称为顶级域名。下面是几个常见的顶级域名及其用法：

.COM——用于商业机构；.NET——最初是用于网络组织，例如因特网服务商，现在任何人都可以注册以.NET 结尾的域名；.ORG——用于各种组织，包括非盈利组织。

除以上几个常用的顶级域名外，还有代表国家和地区的顶级域名，如：.cn（中国）、.uk（英国）、.jp（日本）等等。

（三）域名服务器 DNS

每个域名可以对应一个 IP 地址，它们之间的映射对应关系通过域名服务器 DNS（domain name server）自动转换。

域名服务器用于把域名翻译成电脑能识别的 IP 地址。例如，要访问“福建省国际电子商务中心”的网站（www.fiecc.cn），DNS 就把域名译为 IP 地址 218.83.154.195，可以通过在 Windows 中打开“开始”—“运行”，接着在弹出窗口中输入 www.fiecc.cn 来查询其 IP 地址，这样就便于电脑查找域名的网站服务器。

（四）域名的命名原则

在设计域名时，最重要的原则是不要违反《中国互联网络域名管理办法》和其他相关法律法规。此外，域名的命名还应简洁好记、有特色、长度要短。

由于 Internet 上的各级域名是分别由不同机构管理的，所以，各个机构管理域名的方式和域名命名的规则也有所不同。但域名的命名也有一些共同的规则，主要有以下几点：

英文域名可以包括 26 个英文字母（不区分大小写）、阿拉伯数字（0、1、2、3、4、5、6、7、8、9 十个数字）和“-”（英文中的连词号），“-”不能出现在字符串的最前或最后。

中文域名允许使用中文、英文、阿拉伯数字及“-”号等字符，但必须含有中文。现在还可以注册纯中文域名和带有 CN 的中文域名。例如，可以同时注册“中文域名.cn”和“中文域名.中国”。

## 二、网页空间

网页空间用于存放网站的网页内容以及程序，包括上传的站点文件以及站点运行过程中产生的数据。

申请域名后，还需要申请网页空间存放网站文件，然后将域名映射到网页空间的 IP 地址上。这样，通过域名，就能访问空间的文件。

# 行　动

## 第一步:注册域名

由于域名在国际因特网中不能有字符完全相同的重复,同时它又具有一定的标识作用,所以它像商标一样具有价值。域名是唯一的,同时它又遵循先注册先拥有的原则。如果企业的域名被抢注,将会给企业形象带来潜在的巨大威胁,造成企业无形资产的损失,因此作为一个企业来说,即使还没有建设网站的要求,也有必要先注册企业的域名。

域名注册的过程并不复杂,一般程序为:

(1)选择域名注册服务商;

(2)查询自己希望的域名是否已经被注册;

(3)填写用户信息;

(4)提交注册表单;

(5)支付域名注册服务费;

(6)域名注册完成。

(一)选择注册商和代理商

对于国内用户而言,与域名注册与管理相关的有三个机构:ICANN、InterNIC、CNNIC。

1. ICANN

ICANN是"国际互联网名称和地址分配组织"(The Internet Corporation for Assigned Names and Numbers)的缩写。ICANN主要负责全球互联网的根域名服务器和域名体系、IP地址及互联网其他码号资源的分配管理和政策制定。

2. InterNIC

为了保证国际互联网络的正常运行和向全体互联网络用户提供服务,国际上设立了国际互联网络信息中心(InterNIC),网址:http://www.internic.net,为所有互联网络用户服务。

InterNIC网站目前由ICANN负责维护,提供互联网域名登记服务公开信息。

3. CNNIC

中国互联网络信息中心(CNNIC,China Internet Network Information Center),是经国务院主管部门批准授权,于1997年6月3日组建的非营利性的管理和服务机构,行使国家互联网络信息中心的职责。CNNIC负责运行和管理国家顶级域名.CN、中文域名系统、通用网址系统及无线网址系统。

以上的三个机构不直接向普通用户提供域名注册服务。一般用户要注册域名,可以通过域名注册商和管理商完成。

ICANN批准的在中国的国际域名注册服务机构有:中国频道www.china-channel.com、商务中国www.bizcn.com、中国万网www.net.cn、新网www.xinnet.com等等。

CNNIC批准的cn域名、中文域名注册服务机构有:中国万网www.net.cn、新网

www. xinnet. com、易名中国 www. ename. cn、广东互易 www. 8hy. cn 等等。

（二）查询域名是否已经被注册

申请域名前，首先要查询自己所需的域名是否已被注册，方法是到 InterNIC、CNNIC 或各域名注册服务商的网站上去查询。

例如，我们想查询 fiecc. cn 这个域名是否已被注册，可以访问 CNNIC（www. cnnic. cn）或其他的域名服务商的网站，在其域名查询栏目中输出想要查询的域名，点击“查询”按钮，按网页的提示查询即可。图 5-1 是 CNNIC 和中国万网的域名查询栏，图 5-2 为查询结果。

图 5-1　查询域名是否已被注册

**查询结果**

| 域名 | fiecc.cn |
|---|---|
| 域名状态 | ok |
| 域名联系人 | 周锋 |
| 管理联系人电子邮件 | service@fjec.cn |
| 所属注册商 | 厦门华融盛世网络有限公司 |
| 域名服务器 | ns5.cnmsn.net |
| 域名服务器 | ns6.cnmsn.net |
| 注册日期 | 2007-07-20 18:51 |
| 过期日期 | 2009-07-20 18:51 |

图 5-2　域名查询结果

（三）向域名注册服务商申请注册域名

几乎所有域名注册服务商的网站上都提供在线域名注册服务，可以访问这些网站，在注册表单上填写域名注册和用户信息，然后提交表单，支付费用后就可以成功注册域名。

可以到上面提到的一些域名注册服务商，如：中国万网、中国频道的网站上去了解具体的操作流程。图 5-3 是某个网站上购买域名的一个页面。

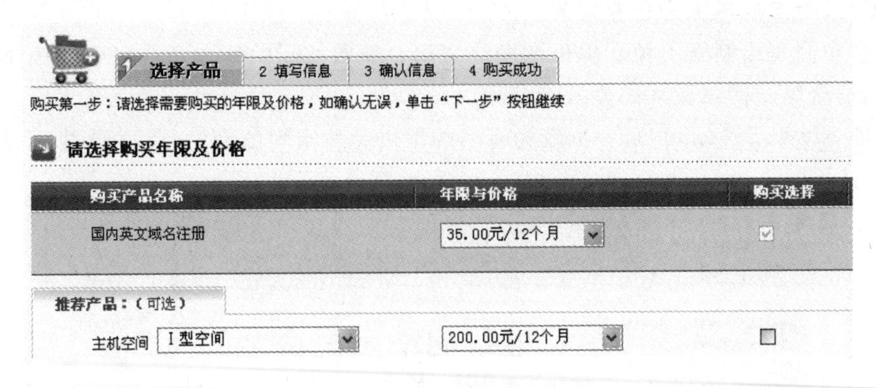


图 5-3　某网站购买域名的一个页面

## 第二步:申请网页空间

网页制作完成后,要将其存放到网络上的 WWW 服务器上,才能供人访问,现在可供选择的 WWW 服务一般有三种:

(一)租用或托管自己的 WWW 服务器

采用租用或托管 WWW 服务器的形式,可以拥有单独的一台服务器用于发布自己的网页,用户可以根据自己的需要配置服务器的软件系统,可以有稳定的带宽,客户拥有对服务器的完全控制权限,可自主决定运行的系统和从事的业务。

租用或托管服务器的方式所花的费用较多,应具备较强的经济与技术实力才可采用,一般是大企业的用户才会选择这种形式。对于个人用户或小企业而言,租用 ISP 或专业公司提供的虚拟主机是比较适合的选择。

(二)购买互联网服务提供商(ISP,internet service provider)的网页空间

购买网页空间也称为虚拟主机形式,虚拟主机是使用特殊的软硬件技术,把一台运行在因特网上的服务器主机分成一台台“虚拟”的主机,每一台虚拟主机都具有独立的 IP 地址,具有自己的 Internet 服务器(WWW、FTP、E-mail 等)功能。虚拟主机之间完全独立,并可由用户自行管理,在外界看来,每一台虚拟主机和一台独立的主机完全一样。

采用虚拟主机方式时,由于多个网络空间共享一台真实主机的资源,每个网络空间用户承受的硬件费用、网络维护费用、通信线路的费用均大幅度降低。图 5-4 为一个购买虚似主机的页面。

请选择购买年限及价格

| 优惠包名称 | 年限与价格 | 购买选择 |
|---|---|---|
| 专业个人型主机(GMail) | 320.00元/12个月 | ⊙ |

优惠包内容:

| | | |
|---|---|---|
| I 型空间 | 原价:~~200元/12个月~~ | 折扣价:190元/12个月 |
| DIY-G邮箱 | 原价:~~140元/12个月~~ | 折扣价:130元/12个月 |

图 5-4　一个购买虚拟主机的页面

（三）采用互联网上的免费空间

免费空间是指网络上免费提供的网络空间。免费空间的特点是空间小、稳定性差、没有保障，适合练习网站设计的爱好者使用。

例如，www.5944.net 是一个较为有名的提供免费空间的网站，首页如图 5-5 所示。

图 5-5 一个提供免费空间的网站

## 第三步：域名解析

购买网页空间后，由于每台虚拟主机都有独立的 IP 地址，具有独立的 Internet 服务功能。因此拥有虚拟主机后，可以将注册的域名指向虚拟主机的 IP 地址，在域名解析生效后，就能使用域名访问网站。例如，某用户申请了一个域名 jolly-baby.cn，现在又申请了一个网页空间，ISP 给虚拟主机分配了 IP 地址 61.23.211.13，用户就可以将域名指向该 IP 地址。这样，就可以用 jolly-baby.cn 来访问这个网站。

一般情况，域名服务商都会提供一个域名管理自助系统，用户可以登录到管理页面上去修改自己的域名指向哪个 IP 地址。图 5-6 是一家域名服务商的域名自助解析页面。

| 主机名 | 类型 | IP地址/URL |
|---|---|---|
| jolly-baby.cn | ⊙直接解析<br>○非隐藏指向<br>○隐藏指向<br>○建设中<br>○出售 | 直接解析输入IP，指向输入URL<br>61.237.211.13 |
| www.jolly-baby.cn | ⊙直接解析<br>○非隐藏指向<br>○隐藏指向<br>○建设中<br>○出售 | 直接解析输入IP，指向输入URL<br>61.237.211.13 |

图 5-6 一个域名自助解析页面

如果没有注册域名，可以采用一种免费的动态域名解析软件，将自己的电脑设置成服务器，把自己的电脑硬盘变成网络空间来存放制作好的网站。现在常用的动态域名软件有：广州网域科技公司提供的“花生壳”软件（www.oray.cn）和青岛每步科技公司提供的“每步”（www.meibu.com）软件。

## 第四步:网站的测试

(一)本地测试

在将网站发到服务器上之前,首先应在自己的计算机上进行测试,尽量排除发现的错误,然后再发布到网上。

本地测试的项目通常有:

1.网页上各种链接的正确性

在发布网站前,需要对网页上的每个链接进行测试,方法是在浏览器中用鼠标点击链接,观察链接情况是否正确。此外,在编写网页时应采用相对路径,这样可以保证上传到远程服务器上后能正常访问,相对路径是指所有资源相对于网站根目录来进行定位。

2.在不同的显示器分辨率下是否能正常显示

可以将显示器设置成1024×768、800×600等各种分辨率进行测试,查看在不同显示分辨率下网页的显示效果,以及各种元素的位置是否会变形。

3.脚本和程序测试

如果采用了动态网页技术,如ASP、JSP、PHP等,那么在本地测试时,可以在自己的计算中安装一个Web服务器软件,如微软的IIS(internet information server),将自己的计算机变成一台Web服务器,然后将网站安装在这台Web服务器中进行测试。

4.测试网页在不同浏览器下是否能正确运行

有时编辑好的网页在某个浏览器中浏览是正常的,而换个浏览器却无法正常浏览。因此,应使用多种常用的浏览器进行浏览,观察结果是否正确。此外,不同浏览器对网页上的脚本程序的默认安全限制是不同的,有的浏览器默认的安全级别较高,不允许一些脚本程序的运行,这就会造成网页不能正常访问。因此网页上有脚本程序时更应该用多种浏览进行测试。

现在常用的浏览器有:MS Internet Explorer(IE)、Mozilla FireFox(火狐)、Maxthon(傲游)等。

(二)在线测试

网站发布到Web服务器上后,就可以进行在线测试,在线测试一般包括以下项目:

1.测试网站访问的速度

网站访问的速度与Web服务器的性能、带宽、服务器的虚拟主机数、在线用户数,以及访问者所在的位置都有关。如果发现网站访问的速度太慢,可以考虑更换网页空间,或向其他的ISP申请网页空间。

2.测试网页图片和动画的显示

在线测试网页上各种图片和动画能否正常显示,以及显示的速度。如果有的图片太大,使得显示速度过慢,可以考虑将图片压缩得更小些,并使访问者先看到替代的文字。

3.脚本和程序测试

如果网页上采用了脚本语言,如JavaScript、VBScript等,以及动态网页技术,如ASP、JSP、PHP,以及CGI程序、ActiveX组件、数据库连接等,应测试这些程序能否正确运行。这是因为各个Web服务器上安装的软件不同,可能有的Web服务器不支持某种动态网页技术。因此在本地测试过后，还需要在线测试各种脚本和程序的运行是否正常。

4. 测试网页上的链接

上传网页后，还需要在线测试各种链接是否正确，这是因为本地所使用的软件环境与Web服务器上的不同，如Web服务器可能采用UNIX、Linux等操作系统，而本地一般采用Windows操作系统，UNIX和Linux操作系统对文件名的大小写是有区分的。此外，服务器上文件存放的路径与本地可能不同，在编写网页时尽量采用相对路径可减少这类问题。

## 第五步：发布网站

网站的发布就是把网页文件上传到远程的Web服务器上，使其他人可以访问网站。一般情况下，网页会存放在远程Web服务器的一个固定的文件夹下。申请了网站空间后，服务商会分配远程服务器的一个FTP账号与密码给网站空间的使用者。

使用FTP客户端软件，可以将网站上的所有文件上传到过程服务器中。目前常用的FTP客户端软件有CuteFTP、FlashFXP、LeapFTP等。下面简要介绍LeapFTP的使用方法。

假设申请了一个网页空间，服务商给了一个FTP用户名gjdzswzx，密码为pwd5690，下面要使用LeapFTP将网站文件上传到远程服务器上。

（一）用LeapFTP上传网页文件

1. LeapFTP软件的界面

安装运行LeapFTP软件后，其主界面如图5-7所示。图中四个部分分别是本地目录及文件列表、远程服务器的目录及文件列表、文件传输的队列信息、FTP系统的交互会话信息。

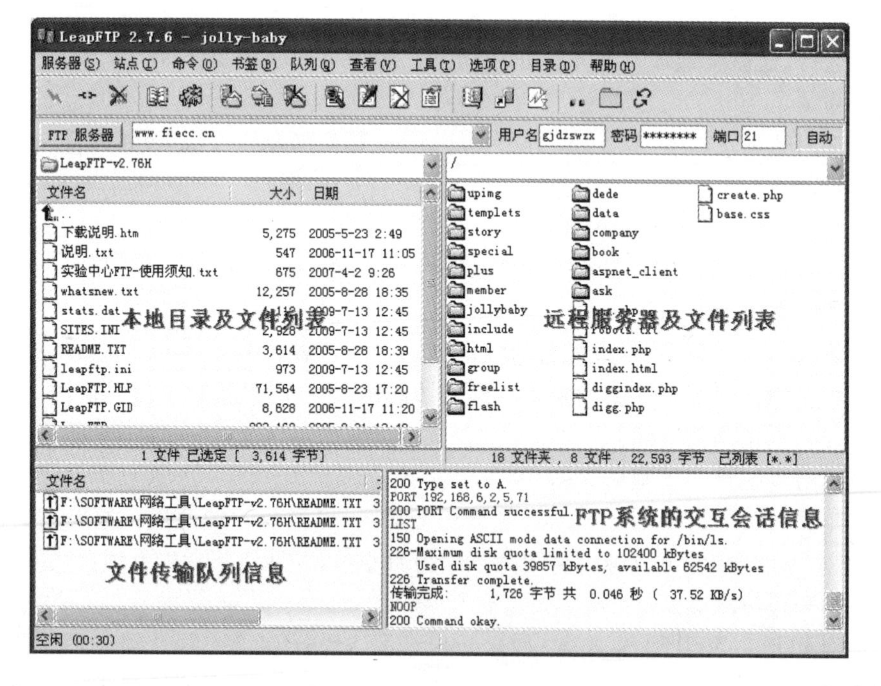


图5-7 LeapFTP的主界面

2. 站点管理

在菜单中选择“站点”—“站点管理器”命令，如图 5-8 所示，进行 FTP 服务器地址的编辑工作。

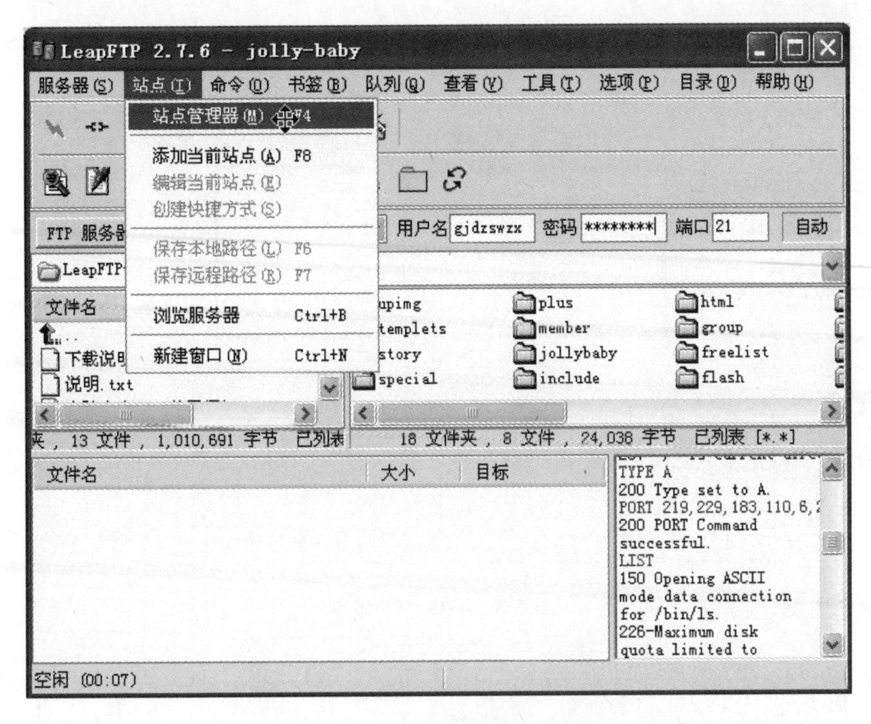


图 5-8 LeapFTP 的站点管理器

在“站点管理器”窗口中单击“添加站点”按钮后，在弹出的对话框中输入站点名称，然后在站点管理器的右边设置该 FTP 站点的参数，如图 5-9 所示。

在“地址”栏中输入所连接的服务器地址，FTP 端口默认为 21，不必进行修改。把“匿名”复选框前的勾去掉，并填入正确的用户名及密码。

在“本地路径”中可选择每次连接某网站时，便直接打开当前本地的上传路径。“远程路径”则是连上服务器后，所需打开的那层目录。编辑 FTP 站点信息的界面如图 5-10 所示。

3. 连接 FTP 服务器

设置好 FTP 站点后，在如图 5-10 所示的“站点管理器”窗口中单击“连接”按钮，LeapFTP 就会尝试连接 FTP 服务器。连接成功后，显示如图 5-11 的界面。

在成功连接到 FTP 服务器之后，便可选择目录或文件进行上传下载了。

单个文件上传：连上远程服务器之后，打开上传目录，选中本地文件后，双击该文件或单击右键选择“上传”即可。也可以用鼠标拖动的方式上传文件，方法是用鼠标选择本地目录中的文件（可以选多个文件），按住鼠标左键，拖动到远程服务器窗口中。

队列上传：如果要上传一批文件，也可以将所需要上传的文件编辑成队列批量上传。不过要注意相同的文件上传到不同目录时，必须将该目录打开之后再添加到队列。编辑

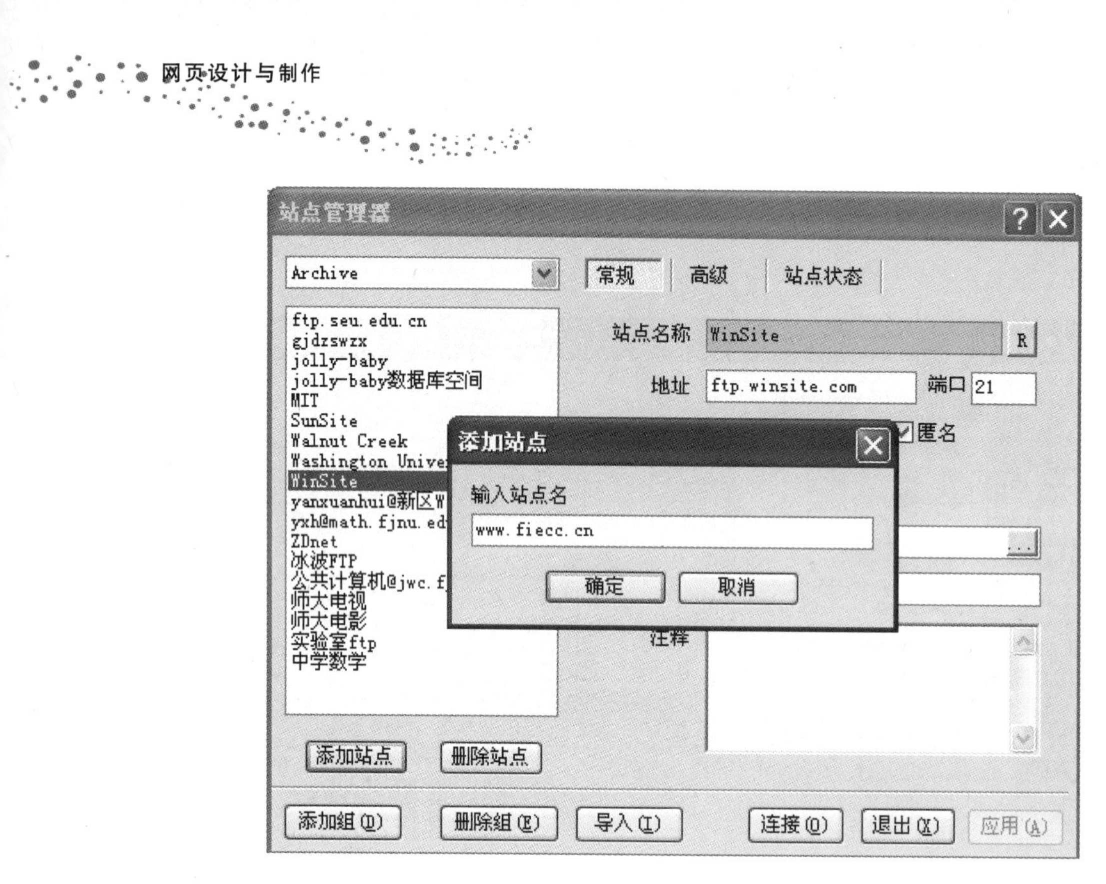


图 5-9　添加 FTP 站点

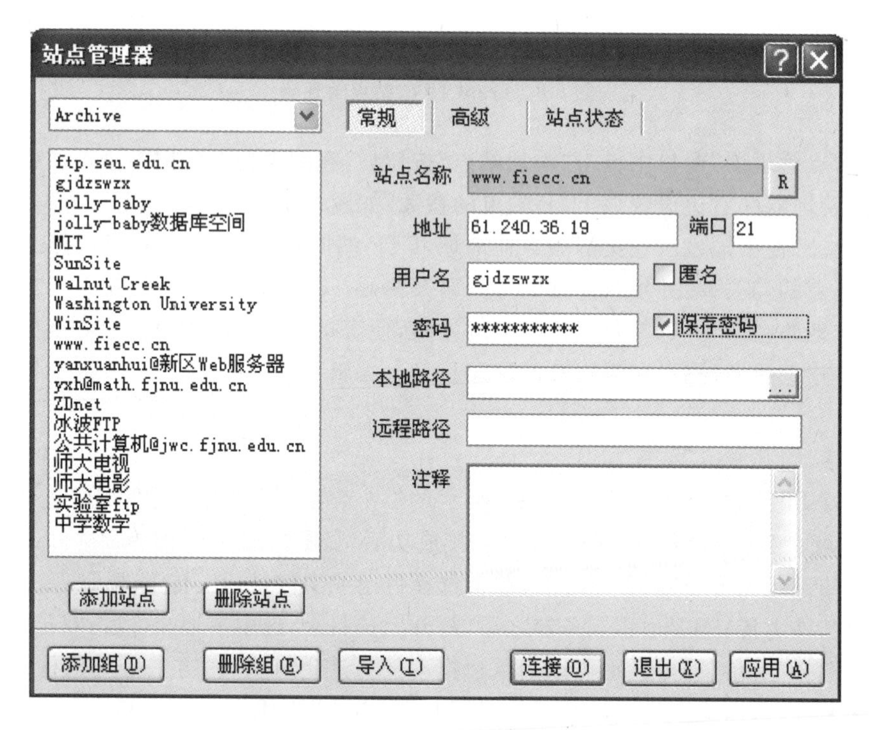


图 5-10　编辑 FTP 站点相关信息

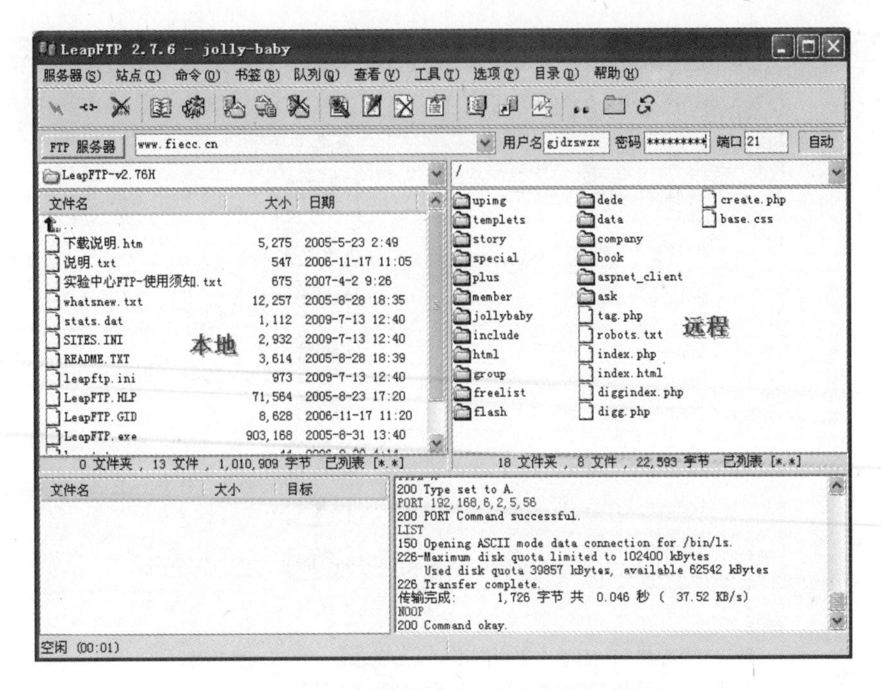


图5-11　连接FTP服务器成功后的界面

队列的方法是在本地目录中选择好文件,然后右键单击,在弹出的菜单中选择"队列(Q)命令",即可将文件加入队列中。编辑好的队列可以存盘,以便下次使用。在"队列栏"中单击右键选择"载入队列",然后上传即可。

从服务器上下载文件的操作方法与上传文件类似。

(二)设置网站的默认首页

在成功上传网页文件之后,可以通过网页空间提供商的空间维护页面设置网站的默认首页。图5-12是慧林网络(www.66ns.com)提供的网站默认首页设置页面。

如果在网页中使用了动态网页技术,需要后台数据库的支持,还需要向空间提供商购买数据库空间,并正确设置数据库连接等信息,这样动态网页中的程序才可以正确地访问后台数据库。

# 评　价

在网站最终发布成功后,各小组组织讨论和评价所完成的网站测试与发布工作,并填写以下的评价表(见表5-1),最后交给老师进行评级。表中各个项目的评价等级为:A、B、C、D、E,分别对应5、4、3、2、1分,乘以各项目的权重,最后求加权和。

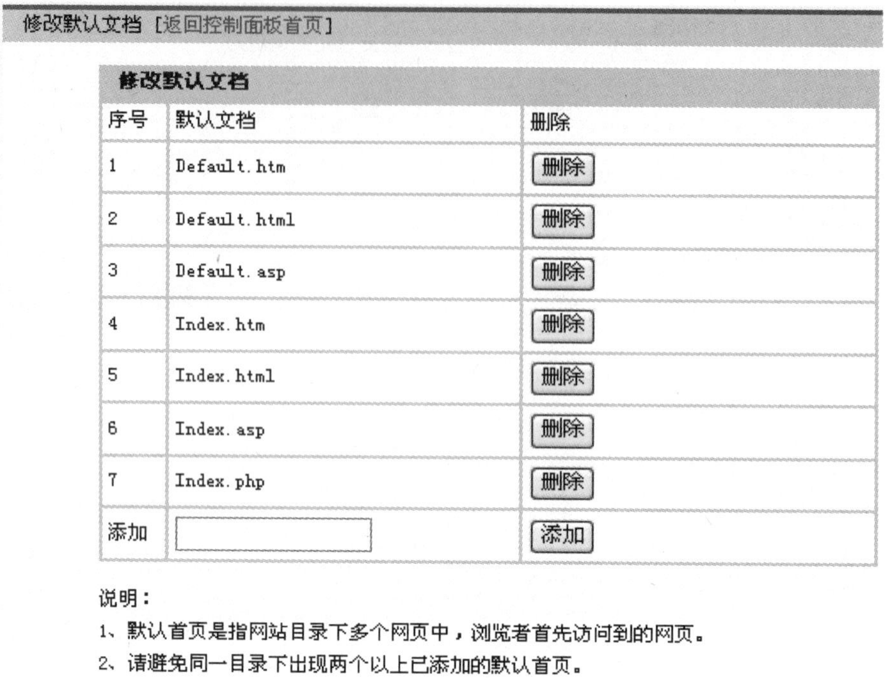

修改默认文档 [返回控制面板首页]

| 修改默认文档 | | |
|---|---|---|
| 序号 | 默认文档 | 删除 |
| 1 | Default.htm | 删除 |
| 2 | Default.html | 删除 |
| 3 | Default.asp | 删除 |
| 4 | Index.htm | 删除 |
| 5 | Index.html | 删除 |
| 6 | Index.asp | 删除 |
| 7 | Index.php | 删除 |
| 添加 | | 添加 |

说明：

1、默认首页是指网站目录下多个网页中，浏览者首先访问到的网页。

2、请避免同一目录下出现两个以上已添加的默认首页。

图 5-12　慧林网络提供的默认首页设置页面

表 5-1　网站测试与发布活动评价表

| 评价项目（权重） | 具体指标 | 学生自评等级 | 老师评价等级 |
|---|---|---|---|
| 申请域名（10%） | 域名申请成功(或免费域名软件安装测试成功) | | |
| 申请网页空间（20%） | 网页空间申请成功(免费、付费或在本机实验) | | |
| 域名解析（10%） | 域名能正确解析到对应的网页空间 | | |
| 网站本地测试（20%） | 1.所要求的本地测试充分<br>2.本地测试项目都已完成<br>3.已排除所发现的错误<br>4.做好测试工作的记录 | | |
| 网站的发布（20%） | 1.上传网页文件到网页空间成功<br>2.正确设置网站的默认首页等参数 | | |
| 网站的在线测试（20%） | 1.对所要求的在线测试充分<br>2.在线测试项目都已完成<br>3.已排除所发现的错误<br>4.做好测试工作的记录 | | |

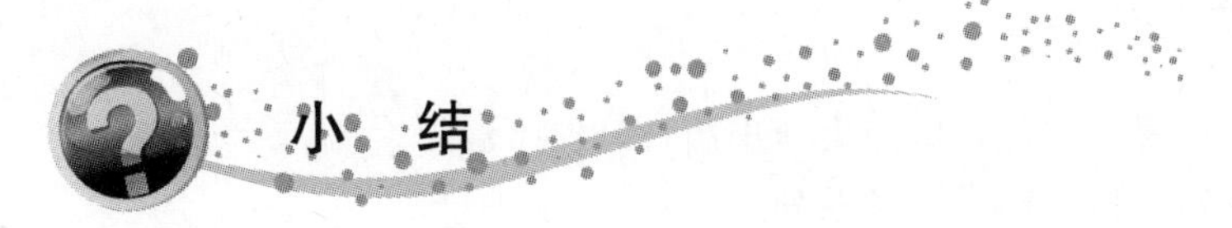


域名与网页空间的申请，都需要向服务商交纳一定的费用，因此初学者可以使用免费的动态域名解析软件在自己的电脑上进行练习。如果确实需要正式向外发布网站时，再付费购买正式、稳定的域名和网页空间。

现在申请域名和网页空间都可以通过服务商的网站进行，不同服务商所设计的网页界面各不相同，因此在具体操作过程中应根据实际情况灵活处理。

对网站进行充分的测试后再向外发布，可以最大限度地减少网页上的错误。发布网站的过程有：

(1)上传网页文件，如果需要后台数据库的支持，还要上传数据库文件；

(2)进行必要的设置，包括默认主页和数据库连接等，这可以在服务商提供的网页空间管理页面上进行。

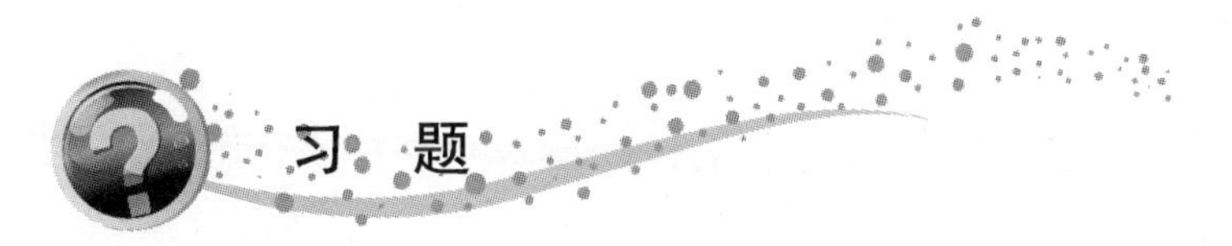


**一、填空题**

1. IP 地址由__________位二进制数组成，为了表示方便一般写成由__________个十进数构成，每个十进制数取值 0 到__________。

2. 域名的最后一部分称为顶级域名，有几个常见的顶级域名，__________顶级域名通常用于商业机构，“.edu”通常用于____________________。

3. ____________________用于存放网站的网页内容以及程序，包括上传的站点文件以及站点运行过程中产生的数据。

4. CNNIC 是______________________________的英文缩写，它负责运行和管理________________________________________。

**二、简答题**

1. 域名服务器 DNS 的作用是什么？

2. 简述域名命名的原则，分别举几个域名的例子，并说明各是什么类型机构或国家的域名。

3. 简述域名注册的过程，并登录某个域名服务商的网站(如中国频道、中国万网等)，在上面了解和尝试注册域名的过程。

4. 在 InterNIC、CNNIC 或各域名注册服务商的网站上查询域名“jolly-baby.cn”是否已被注册，如果已被注册，查询到的注册信息有哪些，分别代表什么含义？

5. 网页空间的含义是什么？申请网页空间的方式有几种？尝试在网络上申请一个免费的网页空间。

6. 把自己制作的网站上传到申请的免费网页空间上，并进行测试和浏览。

**图书在版编目(CIP)数据**

网页设计与制作/于春香主编. —厦门:厦门大学出版社,2010.8
(高职高专现代服务业系列教材·电子商务系列)
ISBN 978-7-5615-3532-5

Ⅰ.①网… Ⅱ.①于… Ⅲ.①主页制作-高等学校:技术学校-教材 Ⅳ.①TP393.092

中国版本图书馆 CIP 数据核字(2010)第 136678 号

厦门大学出版社出版发行
(地址:厦门市软件园二期望海路 39 号 邮编:361008)
http://www.xmupress.com
xmup @ public.xm.fj.cn
厦门集大印刷厂印刷
(地址:厦门市集美石鼓路 9 号 邮编:361021)
2010 年 8 月第 1 版 2010 年 8 月第 1 次印刷
开本:787×1092 1/16 印张:12
字数:278 千字 印数:1～3 000 册
定价:30.00 元